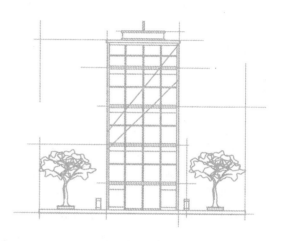

建筑施工图设计

常见错误案例分析

魏文彪　主编

U0299914

中国电力出版社

CHINA ELECTRIC POWER PRESS

内 容 提 要

本书共分为四章，内容包括建筑施工图基础知识、民用建筑设计、建筑防火设计、无障碍设计。全书内容翔实，参考最新国家规范标准，引用相关实例，表述准确，语言简洁，重点突出，图文并茂，浅显易懂。

本书可供建筑设计、施工、管理等相关技术人员参考，也可供相关专业的高等院校师生学习使用。

图书在版编目（CIP）数据

建筑施工图设计常见错误案例分析/魏文彪主编. —北京：中国电力出版社，2018.4
ISBN 978-7-5198-1303-1

Ⅰ.①建⋯ Ⅱ.①魏⋯ Ⅲ.①建筑制图—识图 Ⅳ.①TU204.21

中国版本图书馆 CIP 数据核字（2017）第 257769 号

出版发行：中国电力出版社
地　　址：北京市东城区北京站西街 19 号（邮政编码 100005）
网　　址：http://www.cepp.sgcc.com.cn
责任编辑：未翠霞（010—63412611）
责任校对：常燕昆
装帧设计：王英磊
责任印制：杨晓东

印　　刷：三河市航远印刷有限公司
版　　次：2018 年 4 月第一版
印　　次：2018 年 4 月北京第一次印刷
开　　本：710 毫米×1000 毫米　16 开本
印　　张：12.75
字　　数：240 千字
定　　价：39.80 元

前　言

建筑施工图设计为建筑工程设计的一个重要阶段，在技术设计、初步设计两阶段之后，这一阶段主要通过图纸把设计者的意图和全部设计结果表达出来。施工图作为施工制作的依据，是设计和施工工作的桥梁。作为施工的参照标准，施工图的设计应尽量要做到无误。

本书共分为四个章节，主要内容介绍如下：

第一章：建筑施工图基础知识，主要介绍图纸、图幅、线条、比例等基础知识。

第二章：民用建筑设计，主要介绍楼梯、台阶与坡道、厕所与浴室、厨房、电梯、自动扶梯、自动人行道等施工图设计。

第三章：建筑防火设计，主要介绍防火设计的总平面、防火分区、防烟分区、建筑构件、安全疏散、消防电梯等建筑施工图设计。

第四章：无障碍设计，无障碍设计是一种新的建筑设计方法。近年来，我国也越来越重视无障碍设计，它已经成为建筑设计中必不可少的一部分。

本书在编写过程中将理论与实践相结合，并运用了大量的图示与案例。图示可以让初学者和建筑工程技术人员更加直观地学习；案例可以让施工图初学者和建筑工程技术人员在错误与正确案例的对比中注意到在施工中可能会遇见的问题，避免出现不必要的错误，提高建筑工程准确性与建筑安全率。

在编写过程中，编者参考了大量的文献资料，借鉴了大量的案例。对于所引用的文献资料和案例未一一注明的，在此向原作者表示诚挚的敬意和谢意。

由于编写时间仓促，加之水平有限，书中疏漏之处在所难免，恳请广大同仁和读者批评指正，在此谨表谢意。

编者

2018 年 2 月

JIANZHU SHIGONGTU SHEJI
CHANGJIAN CUOWU ANLI FENXI

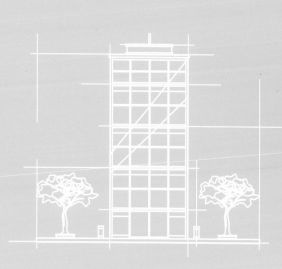

建筑施工图设计
常见错误案例分析

魏文彪　主编

中国电力出版社
CHINA ELECTRIC POWER PRESS

目　录

第一章

建筑施工图基础知识

建筑施工图主要用来表示房屋的规划位置、外部造型、内部布置、内外装修、细部构造、固定设施及施工要求等。它包括施工图首页、总平面图、平面图、立面图、剖面图和构造详图。在绘制图纸之前，我们要先了解绘制建筑施工图的基础知识。

第一节 图纸与图纸目录

一、图纸幅面

1. 图纸幅面及图框尺寸

（1）图纸幅面及图框尺寸应符合表 1-1 的规定。

表 1-1　　　　　　　　　　　　幅面及图框尺寸　　　　　　　　　　（mm）

尺寸代号 ＼ 幅面代号	A0	A1	A2	A3	A4
$b \times l$	841×1189	594×841	420×594	297×420	210×297
c	10			5	
a	25				

注　表中 b 为幅面短边尺寸；l 为幅面长边尺寸；c 为图框线与幅面线间宽度；a 为图框线与装订边间宽度。

（2）需要微缩复制的图纸，其一个边上应附有一段准确米制尺度，四个边上均附有对中标志，米制尺度的总长应为 100mm，分隔应为 10mm。对中标志应画在图纸内框各边长的中点处，线宽 0.35mm，并应伸入内框边，在框外 5mm。对中标志的线段，于 l_1 和 b_1 范围取中。

（3）图纸的短边尺寸不应加长，A0～A3 幅面长边尺寸可加长，但应符合表 1-2 的规定。

（4）图纸以短边作为垂直边应为横式，以短边作为水平边应为立式。A0～A3 图纸宜横式使用；必要时，也可立式使用。

1

表 1-2   **图纸长边加长尺寸**   （mm）

幅面代号	长边尺寸	长边加长后的尺寸			
A0	1189	1486（A0+1/4l） 2080（A0+3/4l）	1635（A0+3/8l） 2230（A0+7/8l）	1783（A0+1/2l） 2378（A0+l）	1932（A0+5/8l）
A1	841	1051（A1+1/4l） 1892（A1+5/4l）	1261（A1+1/2l） 2102（A1+3/2l）	1471（A1+3/4l）	1682（A1+l）
A2	594	734（A2+1/4l） 1338（A2+5/4l） 1932（A2+9/4l）	891（A2+1/2l） 1486（A2+3/2l） 2080（A2+5/2l）	1041（A2+3/4l） 1635（A2+7/4l）	1189（A2+l） 1783（A2+2l）
A3	420	630（A3+1/2l） 1471（A3+5/2l）	841（A3+l） 1682（A3+3l）	1051（A3+3/2l） 1892（A3+7/2l）	1261（A3+2l）

注   有特殊需要的图纸，可采用 $b×l$ 为 841mm×891mm 与 1189mm×1261mm 的幅面。

（5）一个工程设计中，每个专业所使用的图纸，一般不宜超过两种幅面，不含目录及表格所采用的 A4 幅面。

2. 标题栏

（1）图纸中应有标题栏、图框线、幅面线、装订边线和对中标志。

1）横式使用的图纸，应按图 1-1 所示的形式布置。

2）立式使用的图纸，应按图 1-2 所示的形式布置。

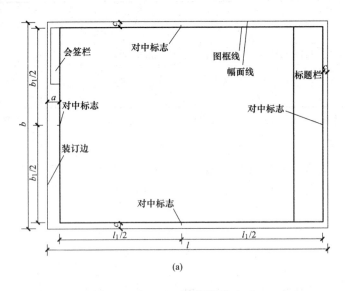

(a)

图 1-1   A0～A3 横式幅面（一）

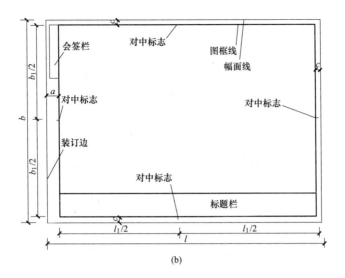

(b)

图 1-1 A0～A3 横式幅面（二）

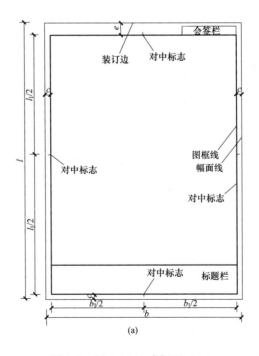

(a)

图 1-2 A0～A4 立式幅面（一）

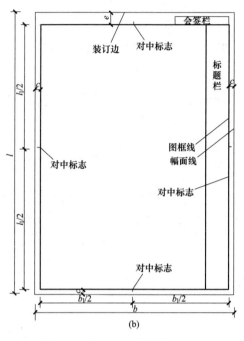

图 1-2　A0～A4 立式幅面（二）

（2）标题栏应符合图 1-3 所示的规定，根据工程的需要选择确定其尺寸、格式及分区。签字栏包括实名列和签名列。

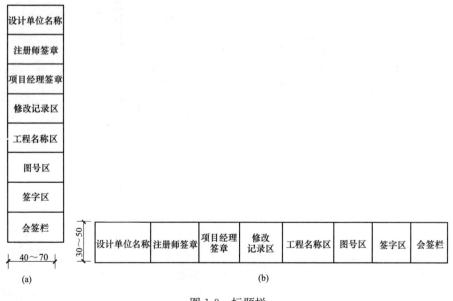

图 1-3　标题栏

二、图纸编排顺序

（1）工程图纸应按专业顺序编排。编排顺序应为图纸目录、总平面图、建筑施工图、结构施工图、给水排水工程图、暖通空调工程图、电气工程图等。

（2）各专业的图纸应按图纸内容的主次关系、逻辑关系进行分类排序。

第二节　制图的基础知识

一、图线

1. 图线的宽度

（1）图线的宽度 b，应根据图样的复杂程度和比例，并按《房屋建筑制图统一标准》（GB/T 50001—2010）的有关规定选用，如图1-4～图1-6所示。图线的宽度 b，宜从 1.4mm、1.0mm、0.7mm、0.5mm、0.35mm、0.25mm、0.18mm、0.13mm 线宽系列中选取。图线宽度不应小于0.1mm。

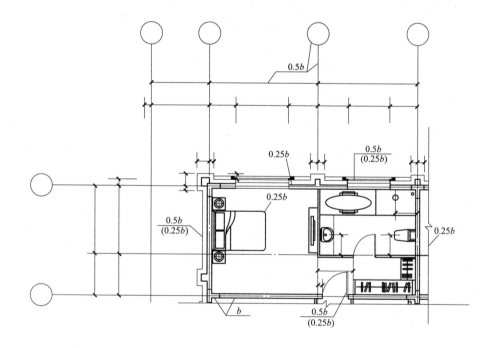

图1-4　平面图图线宽度选用示例

（2）工程建设制图的图线宽度应符合表1-3的规定。绘制比较简单的图样时，可采用两种线宽的线宽组，其线宽比宜为 $b : 0.25b$。

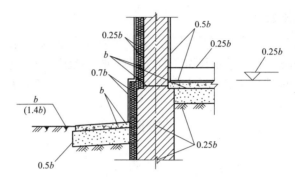

图 1-5 墙身剖面图图线宽度选用示例

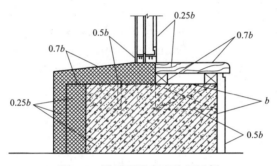

图 1-6 详图图线宽度选用示例

表 1-3　　　　　　　　　　　　　　　　图　　线

名称		线型	线宽	一般用途
实线	粗		b	主要可见轮廓线
	中粗		$0.7b$	可见轮廓线
	中		$0.5b$	可见轮廓线尺寸线、变更云线
	细		$0.25b$	图例填充线、家具线
虚线	粗		b	见各有关专业制图标准
	中粗		$0.7b$	不可见轮廓线
	中		$0.5b$	不可见轮廓线、图例线
	细		$0.25b$	图例填充线、家具线
单点长画线	粗		b	见各有关专业制图标准
	中		$0.5b$	见各有关专业制图标准
	细		$0.25b$	中心线、对称线、轴线等
双点长画线	粗		b	见各有关专业制图标准
	中		$0.5b$	见各有关专业制图标准
	细		$0.25b$	假想轮廓线、成型前原始轮廓线

续表

名称		线型	线宽	一般用途
折断线	细	⌇	0.25b	断开界线
波浪线	细	∿	0.25b	断开界线

注　1. 在同一张图纸内，相同比例的各图样应采用相同的线宽组。

2. 相互平行的图线，其间隙不宜小于其中的粗线宽度，且不宜小于 0.7mm。

3. 虚线、单点长画线或双点长画线的线段长度和间隔宜各自相等。

4. 单点长画线或双点长画线的两端不应是点。点画线与点画线或点画线与其他图线交接时，应是线段交接。

2. 图线的画法实例

（1）图线交接的正误画法示例如图 1-7 所示。

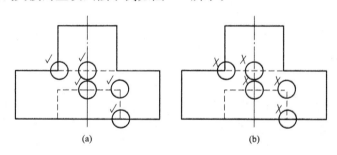

图 1-7　图线交接

（a）虚线交接的正确画法；（b）虚线交接的错误画法

（2）各种图线的正误画法示例见表 1-4。

表 1-4　　　　　　　　　**各种图线的正误画法示例**

图线	正确	错误	说　明
虚线与点画线	≤0.5b　24b　3b 3b　12b 3b	1 2	（1）点画线的线段长通常画 15～20mm，空隙与点共 2～3mm。点画成很短的短画，不是画成小圆黑点。 （2）虚线长度画 4～6mm，间隙约 1mm
圆的中心线	3～5　2～3	3　1　2	（1）点画线与点画线或与其他图线相交，应交于线段。 （2）点画线或双点画线的首尾两端应是线段而不是点。 （3）点画线应出头 3～5mm。 （4）点画线很短时，可用细实线代替

续表

图线	正确	错误	说　明
图线的交接			（1）两粗实线相交时应在线段处相交，线段两端不出头。 （2）虚线与虚线或虚线与其他图线相交时，应交于线段处。 （3）虚线是实线的延长线时，应留空隙，不得与实线相接
折断线			折断线两端分别超出图形轮廓线

二、字体

1. 文字的字高

文字的字高应从表 1-5 中选用。字高大于 10mm 文字采用 True type 字体，如需书写更大的字，则其高度应按 $\sqrt{2}$ 的倍数递增。

表 1-5 　　　　　　　　　　文字的字高　　　　　　　　　　（mm）

字体种类	中文矢量文字	True type 字体及非中文矢量字体
字高	3.5、5、7、10、14、20	3、4、4、6、8、10、20

2. 文字的高宽关系

图样及说明中的汉字，宜采用长仿宋体（矢量字体）或黑体，同一图纸字体种类不应超过两种。长仿宋体宽度与高度的关系应符合表 1-6 的规定。黑体字的宽度与高度应相同。大标题、图册封面、地形图等汉字，也可书写成其他字体，但应易于辨认。

表 1-6 　　　　　　　　　　文字的高宽关系　　　　　　　　　　（mm）

字高	20	14	10	7	5	3.5
字宽	14	10	7	5	3.5	2.5

3. 拉丁字母、阿拉伯数字与罗马数字的书写规则

（1）图样及说明中的拉丁字母、阿拉伯数字与罗马数字，宜采用单线简体或 Roman 字体。拉丁字母、阿拉伯数字与罗马数字的书写规则，应符合表 1-7 的规定。

表 1-7 　　　　　　　　**拉丁字母、阿拉伯数字与罗马数字的书写规则**

书写格式	字体	窄字体
大写字母高度	h	h
小写字母高度（上下均无延伸）	$7/10h$	$10/14h$
小写字母伸出的头部或尾部	$3/10h$	$4/14h$
笔画宽度	$1/10h$	$1/14h$
字母间距	$2/10h$	$2/14h$
上下行基准线的最小间距	$15/10h$	$21/14h$
词间距	$6/10h$	$6/14h$

（2）拉丁字母、阿拉伯数字与罗马数字，如需写成斜体字，其斜度应是从字的底线逆时针向上倾斜 75°。斜体字的高度和宽度应与相应的直体字相等。

（3）拉丁字母、阿拉伯数字与罗马数字的字高不应小于 2.5mm。

（4）数量的数值注写，应采用正体阿拉伯数字。各种计量单位凡前面有量值的，均应采用国家颁布的单位符号注写。单位符号应采用正体字母。

（5）分数、百分数和比例数的注写，应采用阿拉伯数字和数学符号。

（6）当注写的数字小于 1 时，应写出各位的"0"，小数点应采用圆点，齐基准线书写。

三、比例

1. 比例的选取

图样的比例，应为图形与实物相对应的线性尺寸之比，如图 1-8 所示。

平面图 1：100　　　⑥1：20

图 1-8　比例的注写

2. 比例的书写

（1）比例的符号为"："，比例应以阿拉伯数字表示。

（2）比例宜注写在图名的右侧，字的基准线应取平；比例的字高宜比图名的字高小一号或二号。

3. 比例的选用

（1）一般情况下，一个图样应选用一种比例，具体见表 1-8。根据专业制图需要，同一图样可选用两种比例。

表 1-8 　　　　　　　　**绘图所用的比例**

常用比例	1：1、1：2、1：5、1：10、1：20、1：30、1：50、1：100、1：150、1：200、1：500、1：1000、1：2000
可用比例	1：3、1：4、1：6、1：15、1：25、1：40、1：60、1：80、1：250、1：300、1：400、1：600、1：5000、1：10 000、1：20 000、1：50 000、1：100 000、1：200 000

（2）特殊情况下也可自选比例，这时除应注出绘图比例外，还必须在适当位置绘制出相应的比例尺。

四、符号

1. 剖切符号

（1）剖视的剖切符号应由剖切位置线及剖视方向线组成，均应以粗实线绘制。剖视的剖切符号应符合下列规定。

1）剖切位置线的长度宜为 6～10mm；剖视方向线应垂直于剖切位置线，长度应短于剖切位置线，宜为 4～6mm，也可以采用国际统一和常用的剖视方法绘制，剖视的剖切符号不应与其他图线相接触，如图 1-9 所示。

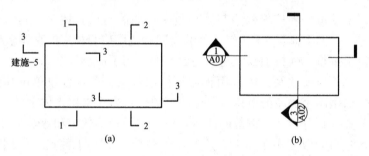

图 1-9　剖视的剖切符号

2）剖视剖切符号的编号宜采用粗阿拉伯数字，按剖切顺序由左至右、由下向上连续编排，并应注写在剖视方向线的端部。

3）需要转折的剖切位置线，应在转角的外侧加注与该符号相同的编号。

4）建（构）筑物剖面图的剖切符号应注在 ±0.000 标高的平面图或首层平面图上。

5）局部剖面图（不含首层）的剖切符号应注在包含剖切部位的最下面一层的平面图上。

（2）断面的剖切符号应符合下列规定。

1）断面的剖切符号应只用剖切位置线表示，并应以粗实线绘制，长度宜为 6～10mm。

2）断面剖切符号的编号宜采用阿拉伯数字，按顺序连续编排，并应注写在剖切位置线的一侧，如图 1-10 所示。编号所在的一侧应为该断面的剖视方向。

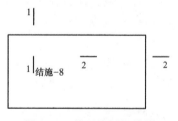

图 1-10　断面的剖切符号

（3）剖面图或断面图，如与被剖切图样不在同一张图内，则应在剖切位置线的另一侧注明其所在图纸的编号，也可以在图上集中说明。

2. 索引符号与详图符号

（1）图样中的某一局部或构件，如需另见详图，则应以索引符号索引，如图 1-11（a）所示。索引符号是由直径为 8～10mm 的圆和水平直径组成的，圆及水平直径应以细实线绘制。索引符号应按以下规定编写：

1）索引出的详图，如与被索引的详图同在一张图纸内，则应在索引符号的上半圆中用阿拉伯数字注明该详图的编号，并在下半圆中间画一段水平细实线，如图 1-11（b）所示。

2）索引出的详图，如与被索引的详图不在同一张图纸内，则应在索引符号的上半圆中用阿拉伯数字注明该详图的编号，在索引符号的下半圆用阿拉伯数字注明该详图所在图纸的编号，如图 1-11（c）所示。数字较多时，可加文字标注。

3）索引出的详图，如采用标准图，则应在索引符号水平直径的延长线上加注该标准图册的编号，如图 1-11（d）所示。需要标注比例时，文字在索引符号右侧或延长线下方，与符号下对齐。

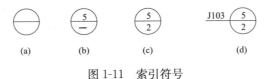

图 1-11 索引符号

（2）索引符号如用于索引剖视详图，则应在被剖切的部位绘制剖切位置线，并以引出线引出索引符号，引出线所在的一侧应为剖视方向，如图 1-12 所示。

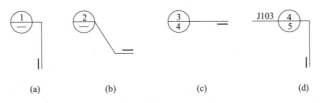

图 1-12 用于索引剖面详图的索引符号

（3）零件、钢筋、杆件、设备等的编号直径用 5～6mm 的细实线圆表示，同一图样应保持一致，其编号应用阿拉伯数字按顺序编写。消火栓、配电箱、管井等的索引号，直径以 4～6mm 为宜。

（4）详图的位置和编号，应以详图符号表示。详图符号的圆应以直径为 14mm 粗实线绘制。详图应按以下规定编号。

1）详图与被索引的图样同在一张图纸内时，应在详图符号内用阿拉伯数字注明详图的编号，如图 1-13 所示。

11

2）详图与被索引的图样不在同一张图纸内时，应用细实线在详图符号内画一水平直径，在上半圆中注明详图编号，在下半圆中注明被索引的图纸的编号，如图 1-14 所示。

图 1-13　与被索引图样同在一张
图纸内的详图符号

图 1-14　与被索引图样不在同一张
图纸内的详图符号

3. 引出线

（1）引出线应以细实线绘制，宜采用水平方向的直线、与水平方向呈 30°、45°、60°、90°的直线，或经上述角度再折为水平线。文字说明宜注写在水平线的上方，如图 1-15（a）所示；也可以注写在水平线的端部，如图 1-15（b）所示。索引详图的引出线，应与水平直径线相连接，如图 1-15（c）所示。

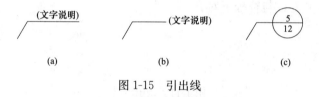

图 1-15　引出线

（2）同时引出的几个相同部分的引出线，宜互相平行，如图 1-16（a）所示；也可以画成集中于一点的放射线，如图 1-16（b）所示。

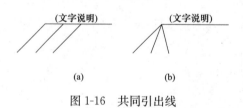

图 1-16　共同引出线

（3）多层构造或多层管道共用引出线，应通过被引出的各层，并用圆点示意对应各层次。文字说明宜注写在水平线的上方，或注写在水平线的端部，说明的顺序应由上至下，并应与被说明的层次对应一致；如层次为横向排序，则由上至下的说明顺序应与由左至右的层次对应一致，如图 1-17 所示。

4. 其他符号

（1）对称符号。对称符号由对称线和两端的两对平行线组成。对称线用细单点长画线绘制；平行线用细实线绘制，其长度宜为 6～10mm，每对的间距宜为 2～3mm；对称线垂直平分于两对平行线，两端超出平行线宜为 2～3mm，如

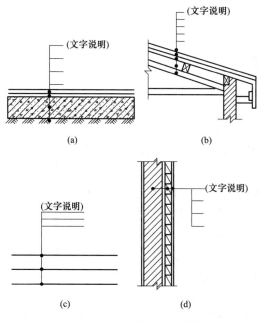

图 1-17　多层共用引出线

图 1-18 所示。

（2）连接符号。连接符号应以折断线表示需连接的部位。两部位相距过远时，折断线两端靠图样一侧应标注大写拉丁字母表示连接编号。两个被连接的图样应使用相同的字母编号，如图 1-19 所示。

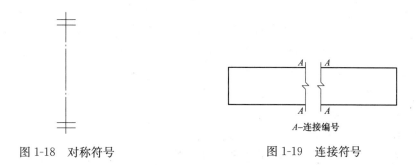

图 1-18　对称符号　　　　　　　图 1-19　连接符号

（3）指北针。指北针的形状如图 1-20 所示。其圆的直径宜为 24mm，用细实线绘制；指针尾部的宽度宜为 3mm，指针头部应注明"北"或"N"字样。需用较大直径绘制指北针时，指针尾部的宽度宜为直径的 1/8。

（4）云线。对图纸中局部变更的部分宜采用云线，并宜注明修改版次，如图 1-21 所示。

图 1-20　指北针

图 1-21　变更云线
1—修改次数

五、定位轴线与尺寸标注

1. 定位轴线

（1）定位轴线应用细单点长画线绘制。

（2）定位轴线应编号，编号应注写在轴线端部的圆内。圆应用细实线绘制，直径为 8～10mm。定位轴线圆的圆心应在定位轴线的延长线或延长线的折线上。

（3）除较复杂时需采用分区编号或圆形、折线形外，一般平面上定位轴线的编号宜标注在图样的下方或左侧。横向编号应用阿拉伯数字，按从左至右的顺序编写；竖向编号应用大写拉丁字母，按从下至上的顺序编写，如图 1-22 所示。

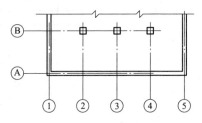

图 1-22　定位轴线的编号顺序

（4）拉丁字母作为轴线的编号时，应全部采用大写字母，不应用同一个字母的大小写来区分轴线号。拉丁字母的 I、O、Z 不得用作轴线编号。当字母数量不够使用，可以增用双字母或单字母加数字注脚。

（5）组合较复杂的平面图中定位轴线也可以采用分区编号（见图 1-23）。编号的注写形式应为"分区号-该分区编号"，采用阿拉伯数字或大写拉丁字母表示。

（6）附加定位轴线的编号，应以分数形式表示，并应符合以下规定：

1）两根轴线的附加轴线，应以分母表示前一轴线的编号，分子表示附加轴线的编号。编号宜用阿拉伯数字顺序编写。

2）1 号轴线或 A 号轴线之前附加轴线的分母应以 01 或 0A 表示。

（7）一个详图适用于几根轴线时，应同时注明各有关轴线的编号，如图 1-24 所示。

（8）通用详图中的定位轴线，应只画圆，不注写轴线编号。

（9）圆形与弧形平面图中的定位轴线，其径向轴线应以角度进行定位，其编号宜使用阿拉伯数字表示，从左下角或－90°（若径向轴线很密，角度间隔很小）开始，按逆时针顺序编写；其环向轴线宜用大写拉丁字母表示，从外向内

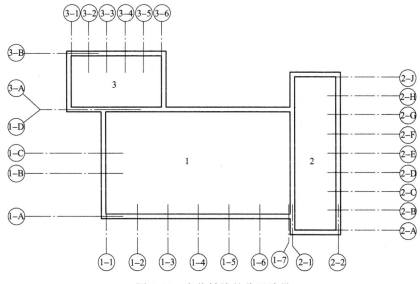

图 1-23　定位轴线的分区编号

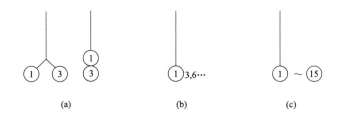

图 1-24　详图的轴线编号

（a）用于 2 根轴线时；（b）用于 3 根或 3 根以上轴线时；

（c）用于 3 根以上连续编号的轴线时

顺序编写，如图 1-25 所示。

（10）折线形平面图中定位轴线的编号可按图 1-26 所示的形式编写。

2. 尺寸标注

（1）尺寸标注的基本规则如下：

1）尺寸界线。用细实线绘制，与被注长度垂直，其一端应离开图样的轮廓线不小于 2mm，另一端应超出尺寸线 2～3mm。必要时可以利用图样轮廓线、中心线及轴线作为尺寸界线。

2）尺寸线。用细实线绘制，并与被注长度平行，与尺寸界线垂直相交，但不宜超出尺寸界线外。图样轮廓线以外的尺寸线，距图样最外轮廓线之间的距离不宜小于 10mm，平行排列的尺寸线的间距为 7～10mm，并应保持一致。图样上任何图线都不得用作尺寸线。

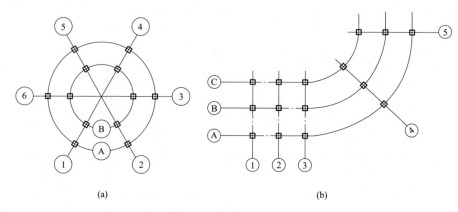

图 1-25　定位轴线的编号

（a）圆形平面定位轴线的编号；（b）弧形平面定位轴线的编号

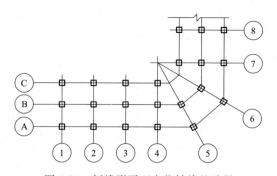

图 1-26　折线形平面定位轴线的编号

3）尺寸起止符号。用中粗短斜线绘制，并画在尺寸线与尺寸界线的相交处。其倾斜方向应与尺寸界线呈顺时针 45°角，长度宜为 2～3mm，在轴测图中标注尺寸时，其起止符号宜用小圆点。

4）尺寸数字。用阿拉伯数字标注图样的实际尺寸时，一律以毫米（mm）为单位，图上尺寸数字都不再注写单位。

5）尺寸数字一般注写在尺寸线的中部，如图 1-27 所示。水平方向的尺寸，尺寸数字要写在尺寸线的上面，字头朝上；竖直方向的尺寸，尺寸数字要写在尺寸线的左侧，字头朝左。

当尺寸数字没有足够的注写位置时，两边的尺寸可以注写在尺寸界线的外侧，中间相邻的尺寸可以错开注写。尺寸宜标注在图样轮廓之外，不宜与图线、文字及符号等相交，如图 1-28 所示。

（2）标高的基本规则如下。

1）标高符号应以直角等腰三角形表示，具体画法如图 1-29 所示。

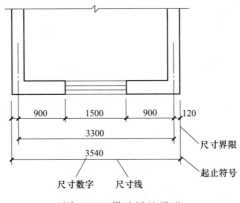

图 1-27 尺寸线的组成

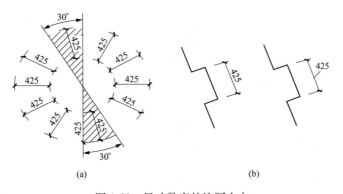

图 1-28 尺寸数字的注写方向

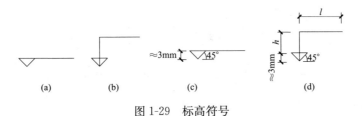

图 1-29 标高符号

（a）画法一；（b）画法二；（c）画法三；（d）画法四

l—取适当长度注写标高数字；h—根据需要取适当高度

2）总平面图室外地坪标高符号宜用涂黑的三角形表示，具体画法如图 1-30 所示。

3）标高符号的尖端应指至被注高度的位置。尖端宜向下，也可向上。标高数字应注写在标高符号的上侧或下侧，如图 1-31 所示。

图 1-30　总平面图室外地坪标高符号

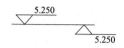

图 1-31　标高的指向

4）标高数字应以米为单位，注写到小数点以后第三位。在总平面图中，可以注写到小数点以后第二位。

5）零点标高应注写成±0.000，正数标高不注"＋"，负数标高应注"－"，如 3.000、－0.600 等。

6）在图样的同一位置需表示几个不同标高时，标高数字可按图 1-32 所示的形式注写。

图 1-32　同一位置注写
多个标高数字

六、常用建筑材料图例

常用建筑材料应按表 1-9 的图例画法绘制。

表 1-9　　　　　　　　　常用建筑材料图例

序号	名称	图例	备　注
1	自然土壤		包括各种自然土壤
2	夯实土壤		
3	砂、灰土		
4	砂砾石、碎砖三合土		
5	石材		
6	毛石		
7	普通砖		包括实心砖、多孔砖、砌块砖等砌体。断面较窄不易绘出图例线时，可涂红，并在图纸备注中加注说明，画出该材料图例
8	耐火砖		包括耐酸砖等砌体
9	空心砖		指承重砖砌体
10	饰面砖		包括铺地砖、马赛克、陶瓷锦砖、人造大理石等
11	焦渣、矿渣		包括与水泥、石灰等混合而成的材料

18

序号	名称	图例	备　注
12	混凝土		（1）本图例指能承重的混凝土。 （2）包括各种强度等级、骨料、添加剂的混凝土。 （3）在剖面图上画出钢筋时，不画图例线。 （4）断面图形小，不易画出图例线时，可涂黑
13	钢筋混凝土		
14	多孔材料		包括水泥珍珠岩、沥青珍珠岩、泡沫混凝土、非承重加气混凝土、软木、蛭石制品等
15	纤维材料		包括矿棉、岩棉玻璃棉、麻丝、木丝板、纤维板等
16	泡沫塑料材料		包括聚苯乙烯、聚乙烯、聚氨酯等多孔聚合物类材料
17	木材		（1）上图为横断面，左上图为垫木、木砖或木龙骨。 （2）下图为纵断面
18	胶合板		应注明为×层胶合板
19	石膏板		包括圆孔、方孔石膏板、防水石膏板、硅钙板、防火板等
20	金属		（1）包括各种金属。 （2）图形小时，可涂黑
21	网状材料		（1）包括金属、塑料网状材料。 （2）应注明具体材料名称
22	液体		应注明具体液体名称
23	玻璃		包括平板玻璃、磨砂玻璃、夹丝玻璃、钢化玻璃、中空玻璃、夹层玻璃、镀膜玻璃
24	橡胶		
25	塑料		包括各种软、硬塑料及有机玻璃等
26	防水材料		构造层次多或比例大时，采用上面图例
27	粉刷		本图例采用较稀的点

第三节　建筑物、建筑突出物与用地红线

一、基本概念

1. 用地界线基本知识

（1）用地红线。规划主管部门批准的各类工程项目的用地界限。

（2）道路红线。规划主管部门确定的各类城市道路路幅（含居住区级道路）用地界限。

（3）绿线。规划主管部门确定的各类绿地范围的控制线。

（4）蓝线。规划主管部门确定的江、河、湖、水库、水渠、湿地等地表水体保护的控制界限。

（5）紫线。国家和各级政府确定的历史建筑、历史文物保护范围界限。

（6）黄线。规划主管部门确定的必须控制的基础设施的用地界限。

2. 建筑、建筑突出物常用规定

（1）建筑控制线是建筑物基底退后用地红线、道路红线、绿线、蓝线、紫线、黄线一定距离后的建筑基底位置不能超过的界线，退让距离及各类控制线管理规定应按当地规划部门的规定执行。

（2）临街地上建筑物及附属设施（包括门廊、连廊、阳台、室外楼梯、台阶坡道、花池、围墙、平台、散水明沟、地下室排风口、出入口、集水井、采光井等）、地下建筑物及附属设施（包括挡土桩、挡土墙、地下室底板及其基础、化粪池等）不允许突出道路红线和用地红线，如图 1-33～图 1-46 所示。

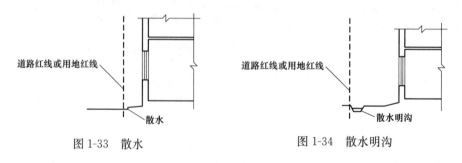

图 1-33　散水　　　　　　　　　图 1-34　散水明沟

（3）地下建筑物距离用地红线不宜小于地下建筑物深度（自室外地坪至地下建筑物底板）的 0.7 倍，为保证施工技术安全措施的实施，其距离不得小于 5m。旧区或用地紧张的特殊地区需考虑开挖时的施工设备用地及地下管网铺设不得小于 3m。

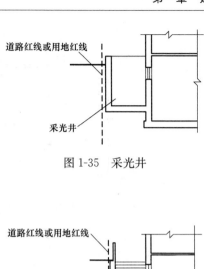

图 1-35 采光井

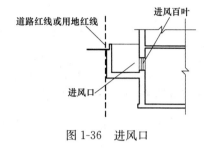

图 1-36 进风口

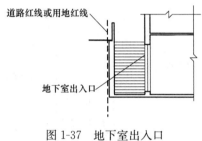

图 1-37 地下室出入口

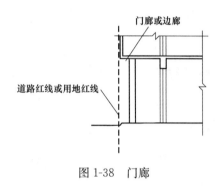

图 1-38 门廊

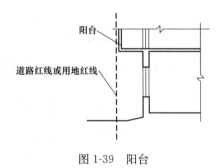

图 1-39 阳台

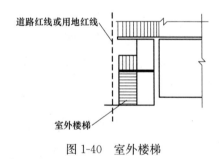

图 1-40 室外楼梯

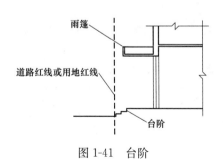

图 1-41 台阶

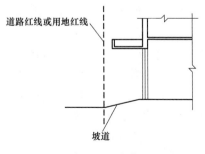

图 1-42 坡道

21

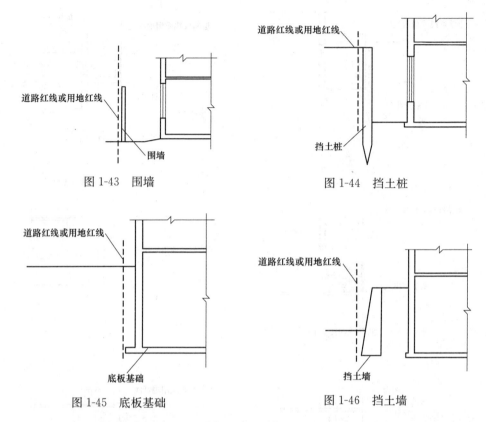

图 1-43　围墙

图 1-44　挡土桩

图 1-45　底板基础

图 1-46　挡土墙

（4）经当地城市规划行政主管部门批准，允许突出道路红线的建筑物应符合下列规定：

1）在有人行道的路面上空，2.50m 以上允许突出建筑构件：凸窗、窗扇、窗罩、空调机位，突出的深度不应大于 0.50m；2.50m 以上允许突出活动遮阳，突出宽度不应大于人行道宽度减 1m，并不应大于 3m；3m 以上允许突出雨篷、挑檐，突出的深度不应大于 2m；5m 以上允许突出雨篷、挑檐，突出的深度不应大于 3m，如图 1-47～图 1-50 所示。

2）在无人行道的路面上空，4m 以上允许突出建筑构件：窗罩、空调机位，突出深度不应大于 0.50m，如图 1-51 所示。

3）建筑物沿街地面首层设置骑楼时，骑楼净高不应小于 3.6m，步行道最窄处净宽不应小于 3.0m，骑楼地面与应与人行道地面相平，无人行道时应高出道路边界 0.1～0.2m，如图 1-52 所示。

二、建筑突出物设计

1. 常见问题

建筑物地下附属设施突出道路红线，如图 1-53 所示。

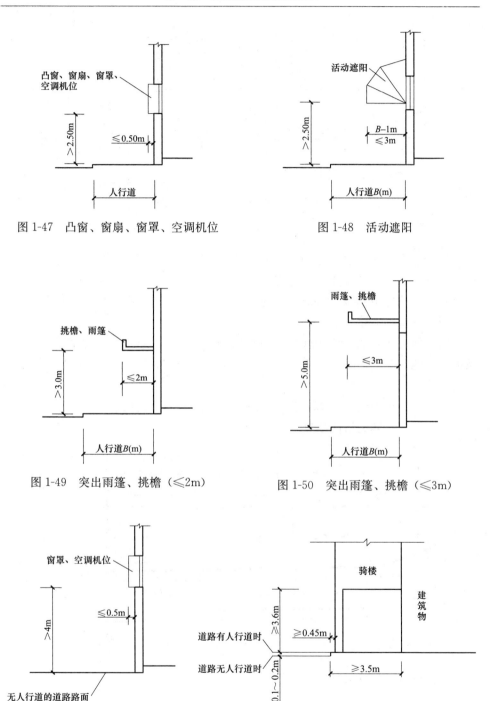

图 1-47 凸窗、窗扇、窗罩、空调机位

图 1-48 活动遮阳

图 1-49 突出雨篷、挑檐（≤2m）

图 1-50 突出雨篷、挑檐（≤3m）

图 1-51 窗罩、空调机位

图 1-52 骑楼

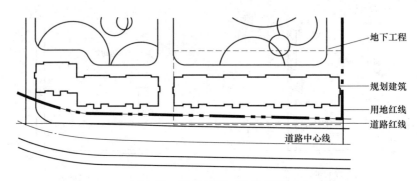

图 1-53　总图局部（错误示例）

2. 解决措施

依据《民用建筑设计通则》（GB 50352—2005）。建筑物及附属设施不得突出道路红线和用地红线建造，不得突出的建筑物如下：

（1）地下建筑物及附属设施，包括架结构挡土桩、挡土墙、地下室、地下室底板及其基础、化粪池等。

（2）地上建筑物及附属设施，包括门廊、连廊、阳台、室外楼梯、台阶、坡道、花池、围墙、平台、散水明沟、地下室排风口、地下室出入口、集水井、采光井等。

（3）除基地内连接城市的管线、隧道、天桥等市政公共设施外的其他设施。

（4）以上问题的解决措施如图 1-54 所示。

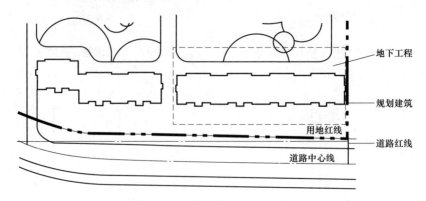

图 1-54　总图局部（正确示例）

三、建筑、基地设计

（一）常见问题一

1. 常见问题

紧贴基地用地红线建造的建筑物向相邻基地方向设阳台，如图 1-55 和图

1-56 所示。

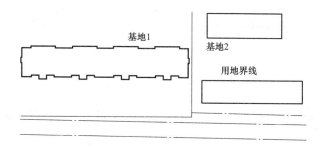

图 1-55 总图局部

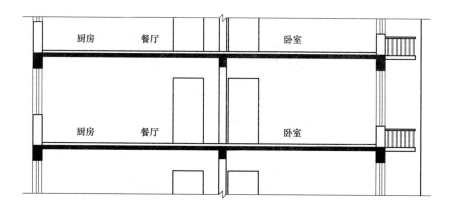

图 1-56 建筑基地 1 立面图（错误示例）

2. 解决措施

依据《民用建筑设计通则》（GB 50352—2005）。相邻基地的关系应符合下列规定：除城市规划确定的永久性空地外，紧贴基地用地红线建造的建筑物不得向相邻基地方向设洞口、门、外平开窗、阳台、挑檐、空调室外机、废气排气口及排泄雨水，如图 1-57 所示。

3. 设计提示

依据《民用建筑设计通则》（GB 50352—2005）。相邻基地的关系应符合以下规定：

（1）建筑物与相邻基地之间应按建筑防火要求留出空地和道路。当建筑前后各自留有空地或道路，并符合防火规范有关规定时，则相邻基地边界两边的建筑可毗连建造，如图 1-58 所示。

（2）本基地内建筑物和构筑物均不得影响本基地或其他用地内建筑物的日照标准和采光标准，如图 1-59 所示。

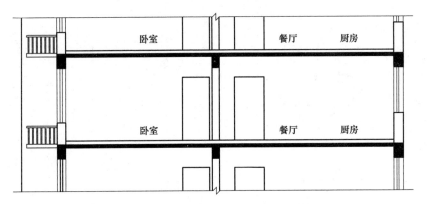

图 1-57　建筑基地 1 立面图（正确示例）

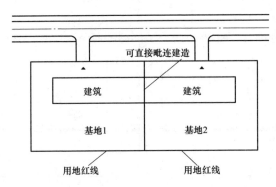

图 1-58　可毗连建造

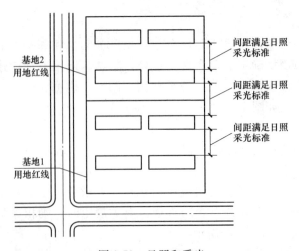

图 1-59　日照和采光

（二）常见问题二

1. 常见问题

（1）与大中城市主干道交叉口的距离，自道路红线交叉点量起小于规定最小值。

（2）与人行横道线的最边缘小于规定最小值。

（3）距地铁出入口、公共交通站台边缘小于规定最小值。

（4）以上问题如图 1-60 所示。

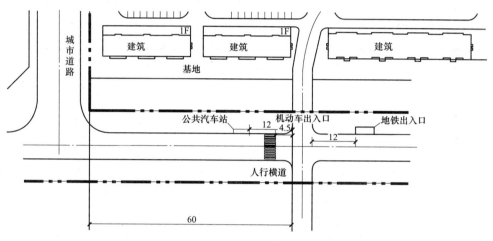

图 1-60　某大中城市主干道交叉的距离（错误示例）

2. 解决措施

依据《民用建筑设计通则》（GB 50352—2005）。基地机动车出入口位置应符合以下规定：

（1）与大中城市主干道交叉口的距离，自道路红线交叉点量起不应小于 70m。

（2）与人行横道线、人行过街天桥、人行地道（包括引道、引桥）的最边缘线不应小于 5m。

（3）距地铁出入口、公共交通站台边缘不应小于 15m。

（4）以上问题的解决措施如图 1-61 所示。

3. 设计提示

依据《民用建筑设计通则》（GB 50352—2005）。基地机动车出入口位置应符合以下规定：

（1）距公园、医院、儿童及残疾人使用建筑的出入口不应小于 20m，如图 1-62 和图 1-63 所示。

（2）当基地道路坡度大于 8%时，应设缓冲段与城市道路连接，如图 1-64 所示。

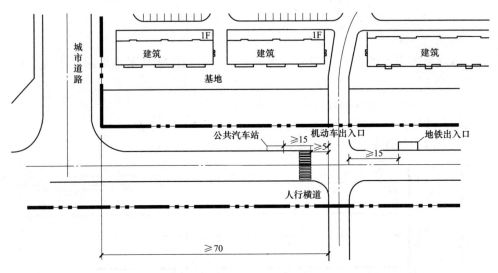

图 1-61 某大中城市主干道交叉的距离（正确示例）

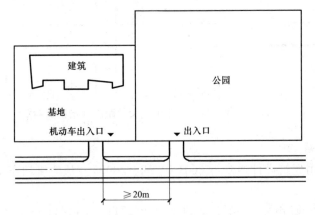

图 1-62 机动车出入口距公园距离示意

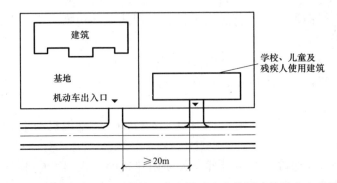

图 1-63 机动车出入口距学校、儿童及残疾人使用建筑的出入口示意

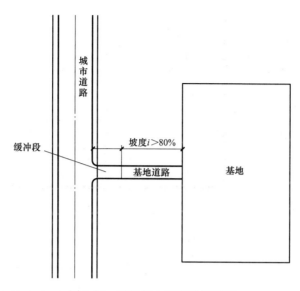

图 1-64　基地出入口缓冲段平面

（3）与立体交叉口的距离或其他特殊情况，应符合当地城市规划行政主管部门的规定。

（三）常见问题三

1. 常见问题

基地的主要出入口与快速路相连，如图 1-65 和图 1-66 所示。

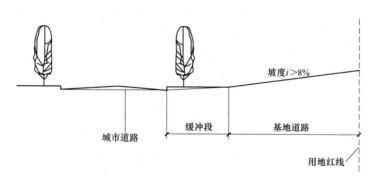

图 1-65　基地出入口缓冲段剖面

2. 解决措施

依据《民用建筑设计通则》（GB 50352—2005）。大型、特大型的文化娱乐、商业服务、体育、交通等人员密集建筑的基地应符合下列规定：基地或建筑物的主要出入口，不得和快速道路直接相连，如图 1-67 所示。

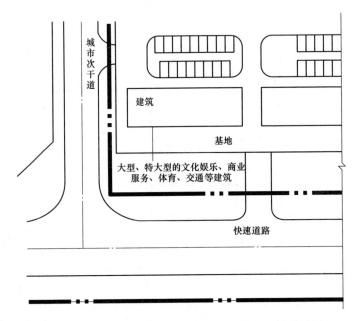

图 1-66　基地与建筑物与道路出入口的位置（错误示例）

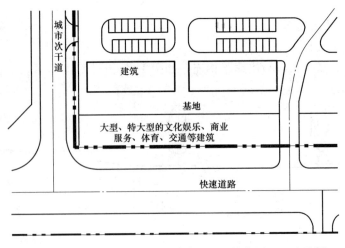

图 1-67　基地与建筑物与快速道路出入口的位置（正确示例）

（四）常见问题四

1. 常见问题

基地或建筑物的主要出入口，直对城市主要干道的交叉口，如图 1-68 所示。

2. 解决措施

依据《民用建筑设计通则》（GB 50352—2005）。大型、特大型的文化娱乐、

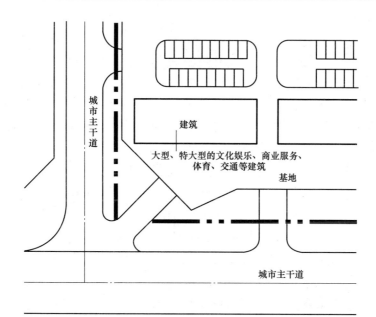

图 1-68　基地或建筑物与快速道路出入口的位置（错误示例）

商业服务、体育、交通等人员密集建筑的基地应符合下列规定：基地或建筑物的主要出入口，不得直对城市主要干道的交叉口，如图 1-69 所示。

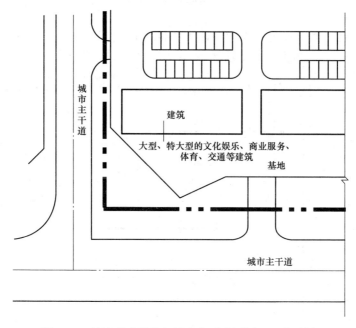

图 1-69　基地或建筑物与城市主干道置图（正确示例）

3．设计提示

依据《民用建筑设计通则》（GB 50352—2005）。大型、特大型的文化娱乐、商业服务、体育、交通等人员密集建筑的基地应符合以下规定：

（1）基地应至少有一面直接临接城市道路，该城市道路应有足够的宽度，以减少人员疏散时对城市正常交通的影响。

（2）基地沿城市道路的长度应按建筑规模或疏散人数确定，并至少不小于基地周长的 1/6，如图 1-70 所示。

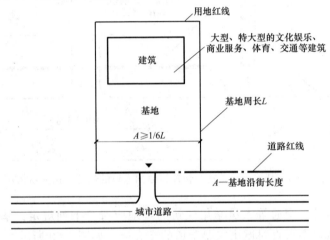

图 1-70　基地面临城市道路位置图

（3）基地应至少有两个或两个以上不同方向通向城市道路（包括以基地道路连接的）出口，如图 1-71 所示。

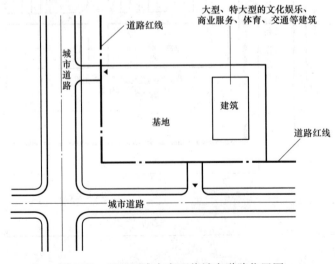

图 1-71　基地两个方向面临城市道路位置图

（4）建筑物主要出入口前应有供人员集散用的空地，其面积和长宽尺寸应根据使用性质和人数确定，如图 1-72 所示。

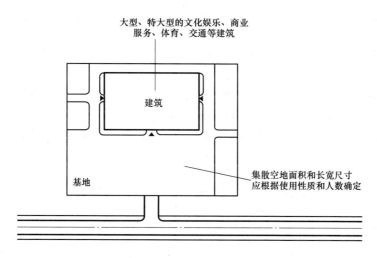

图 1-72 建筑物主要出入口供人员集散空地位置图

（5）绿化和停车场布置不应影响集散空地的使用，并不宜设置围墙、大门等障碍物。

四、住宅与道路设计

1. 常见问题

（1）住宅区内道路紧贴建筑物、构筑物，不满足最小距离要求。

（2）设计多层住宅山墙间距为 8m，满足《建筑设计防火规范》（GB 50016—2014）第 5.2.2 条防火间距的要求；但住宅间有小区路穿过，不符合《城市居住区规划设计规范》（GB 50180—1993）第 8.0.2.2 条"地下无供热管线的小区路建筑控制线宽度不宜小于 10m"的规定。

（3）因间距小，设计小区路仅 5m 宽，仍然不能满足道路边缘至建筑物、构筑物最小距离 2m 的要求，路边一侧距落地阳台 0.8m，另一侧距建筑山墙 1m，不能保证小区人行、车行的安全。

（4）以上问题如图 1-73 所示。

2. 解决措施

依据《城市居住区规划设计规范》（GB 50180—1993，2002 年版）。居住区内道路设置，应符合下列规定：居住区内道路边缘至建筑物、构筑物的最小距离，应符合表 1-10 和图 1-74 所示规定。

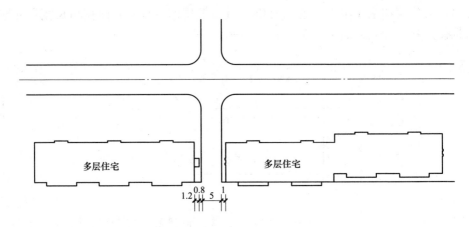

图 1-73　多层住宅山墙间距位置图（错误示例）

表 1-10		道路边缘至建、构筑物最小距离			（m）
与建、构筑物关系	道路级别		居住区道路	小区路	组团路及宅间小路
建筑物面向道路	无出入口	高层	5.0	3.0	2.0
		多层	3.0	3.0	2.0
	有出入口		—	5.0	2.5
建筑物山墙面向道路		高层	4.0	2.0	1.5
		多层	2.0	2.0	1.5
围墙面向道路			1.5		

　注　居住区道路的边缘指红线；小区路、组团路及宅间小路的边缘指路面边线。当小区路设有人行便道时，其道路边缘指便道边线。

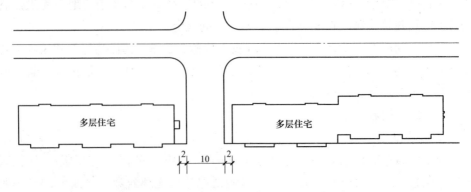

图 1-74　多层住宅山墙间距位置图（正确示例）

五、场地竖向设计

（一）常见问题一

1. 常见问题

场地竖向设计未考虑周边城市道路的控制标高，场地出入口高度低于相邻道路的控制标高，导致城市道路路面积水倒灌进入建设场地；与邻地标高不相协调，设计场地地面高于邻地，未采取排水措施，导致邻地积水。

2. 解决措施

依据《民用建筑设计通则》（GB 50352—2005）。基地地面高程应符合以下规定：

（1）基地地面高程应按城市规划确定的控制标高设计。

（2）基地地面高程应与相邻基地标高协调，不妨碍相邻各方的排水。

（3）基地地面最低处高程宜高于相邻城市道路最低高程，否则应有排除地面水的措施。

依据《城市用地竖向规划规范》（GB 50180—1993，2002 年版）。城市用地地面排水应符合以下规定：

（1）地面排水坡度不宜小于 0.2%；坡度小于 0.2%时宜采用多坡向或特殊措施排水。

（2）地块的规划高程应比周边道路的最低高程高出 0.2m 以上。

（3）用地的规划高程应高于多年地下水位。

3. 设计提示

当紧邻建设场地的城市道路处于坡上，如设计场地高程高于城市道路的控制标高时，就可能导致场地高程与邻地不相协调，并使地面水流向较低的邻地，因而设计场地高程不宜高于坡上城市道路的控制标高。当场地出入口必须通向高处城市道路时，竖向设计要注意两点：第一，完善建设场地内排除地面水的各项措施，宜设置集中排水系统；第二，为避免坡上城市道路积水灌进入建设场地，通向坡上城市道路的场区内道路出入口局部应设置反坡，如图 1-75 所示。

场地设计高程低于小区出入口城市道路控制标高，出入口局部设置反坡。

设小区出入口控制标高为 a，小区路反坡段长度为 15～20m，纵坡为 1%～2%时，小区路变坡点 b 高出 a 点 0.14～0.15m。

（二）常见问题二

1. 常见问题

场地内道路竖向设计最小和最大纵坡超出控制指标；低洼积水地段未设置集中排水设施；坡度较陡需设置台阶的人行通道未采取无障碍通行措施。

2. 解决措施

依据《民用建筑设计通则》（GB 50352—2005）。建筑基地地面和道路坡度

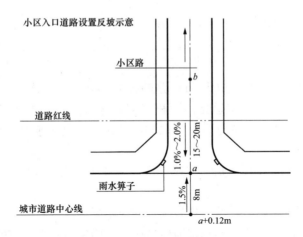

图 1-75　小区反坡示意图

应符合以下规定：

（1）基地地面坡度不应小于 0.2%，地面坡度大于 8% 时宜分成台地，台地连接处应设挡墙或护坡。

（2）基地机动车道的纵坡不应小于 0.2%，也不应大于 8%，其坡长不应大于 200m，在个别路段可不大于 11%，其坡长不应大于 80m；在多雪严寒地区不应大于 5%，其坡长不应大于 600m；横坡应为 1%～2%。

（3）基地步行道的纵坡不应小于 0.2%，也不应大于 8%，多雪严寒地区不应大于 4%，横坡应为 1%～2%。

（4）基地内人流活动的主要地段，应设置无障碍人行道。

第二章

民 用 建 筑 设 计

　　建筑施工图中有一些设计的基本规定常常被我们忽略，本章节就是为了提示各位设计师在建筑施工图中容易出现错误的地方。

第一节 楼 梯 设 计

一、楼梯分类

　　楼梯在建筑物中作为楼层间垂直交通用的构件。用于楼层之间和高差较大时的交通联系。楼梯、楼梯间的常用形式如下：

　　（1）按与建筑的位置关系可分为室内楼梯和室外楼梯。

　　室外楼梯是指位于建筑外墙以外的开敞楼梯，常布置在建筑端部或结合连廊、栈桥等位置。符合规定的室外楼梯，可作为疏散楼梯（室外疏散楼梯与封闭楼梯间、防烟楼梯间等同，都作为疏散楼梯），并可计入疏散总宽度。室外楼梯四周一般不设墙体，顶层宜有雨篷。

　　（2）按使用功能的不同，常见的有共用楼梯、服务楼梯、住宅套内楼梯、专用疏散楼梯等。

　　专用疏散楼梯：指在火灾时才使用的、专门用于人员疏散的楼梯。

　　（3）按楼梯、楼梯间的特点不同，常见的有开敞楼梯、敞开楼梯间、封闭楼梯间、防烟楼梯间等。

　　开敞楼梯：指在建筑内部没有墙体、门窗或其他建筑配件分隔的楼梯，火灾发生时，它不能阻止烟、火的蔓延，不能保证使用者的安全，只能作为楼层空间的垂直联系。公共建筑内装饰性楼梯和住宅套内楼梯等常以开敞楼梯的形式出现。

　　敞开楼梯：指楼梯四周有一面敞开，其余三面为具有相应燃烧性能和耐火极限的实体墙，火灾发生时，它不能阻止烟、火进入的楼梯间。在符合规定的层数和其他条件下，它可以作为垂直疏散通道，并计入疏散总宽度。

　　封闭楼梯间：指楼梯四周用具有相应燃烧性能和耐火极限的建筑构配件分隔，火灾发生时，能阻止烟、火进入，能保证人员安全疏散的楼梯间。通往封闭楼梯间的门为双向弹簧门或乙级防火门。

防烟楼梯间：指在楼梯间入口处设有防烟前室或设有开敞式阳台、凹廊等，能保证人员安全疏散，且通向前室和楼梯间的门均为乙级防火门的楼梯间。

二、楼梯梯段设计

1. 常见问题

（1）平台净宽小于梯段净宽。

（2）墙体、柱子线宽不符合规范。

（3）梯段踏步小于三级。

以上问题如图 2-1 所示。

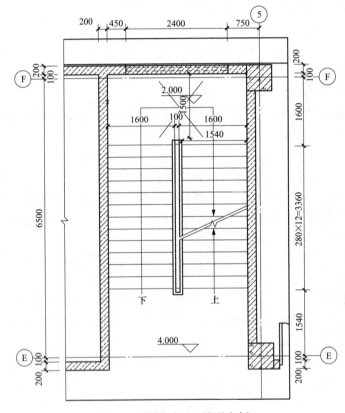

图 2-1　楼梯平面（错误案例）

2. 解决措施

（1）依据《民用建筑设计通则》（GB 50352—2005）有以下解决措施。

1）楼梯改变方向时，扶手转向端处的平台最小宽度不应小于梯段宽度，并不得小于 1.20m，当有搬运大型物件时应适量加宽，如图 2-2 所示。

2）每个梯段的踏步不应超过 18 级，亦不应少于 3 级。

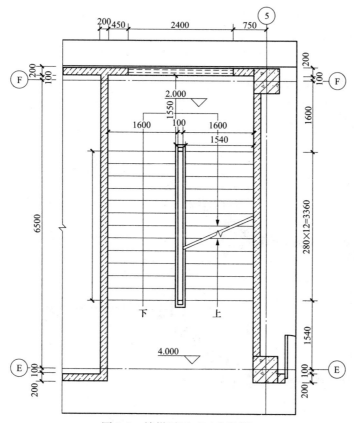

图 2-2　楼梯平面（正确案例）

（2）依据《建筑制图标准》（GB/T 50154—2010），平面图图线宽度选用示例如图 2-3 所示。

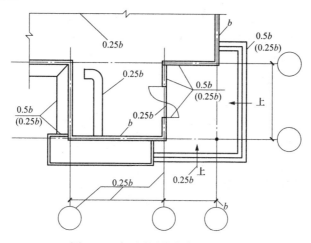

图 2-3　平面图图线宽度选用示例

三、楼梯梯段剖面设计

（一）常见问题一

1. 常见问题

（1）楼梯平台净高小于 2m。

（2）梯段净高小于 2.20m，容易碰头。

以上问题如图 2-4 所示。

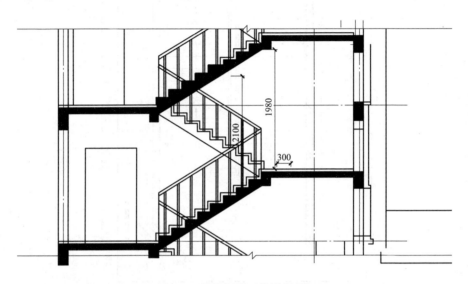

图 2-4　楼梯剖面（错误案例）

2. 解决措施

依据《民用建筑设计通则》（GB 50352—2005）。楼梯平台上部及下部过道处的净高不应小于 2m，梯段净高不宜小于 2.20m。楼梯净高为自踏步前缘（包括最低和最高一级踏步前缘线以外 0.30m 范围内）量至上方突出物下缘间的垂直高度，如图 2-5 所示。

（二）常见问题二

1. 常见问题

靠梯井一侧水平扶手长度超过 0.50m 时，扶手高度未达到 1.05m，室内楼梯扶手高度自踏步前缘线量起小于 0.90m，如图 2-6 和图 2-7 所示。

2. 解决措施

依据《民用建筑设计通则》（GB 50352—2005）。室内楼梯扶手高度自踏步前缘线量起不宜小于 0.90m。靠楼梯井一侧水平扶手长度超过 0.50m 时，其高度不应小于 1.05m，如图 2-8 和图 2-9 所示。

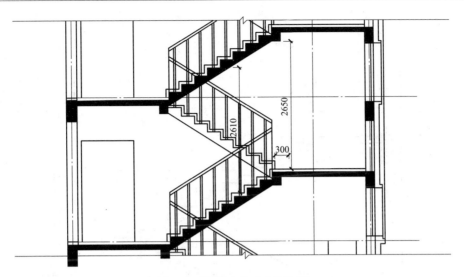

图 2-5　楼梯剖面（正确案例）

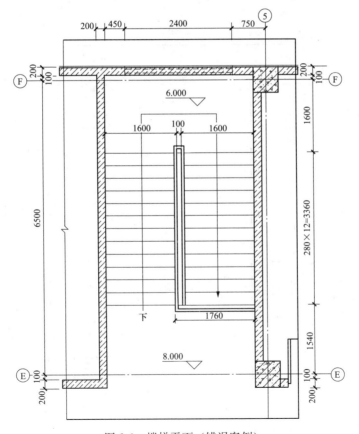

图 2-6　楼梯平面（错误案例）

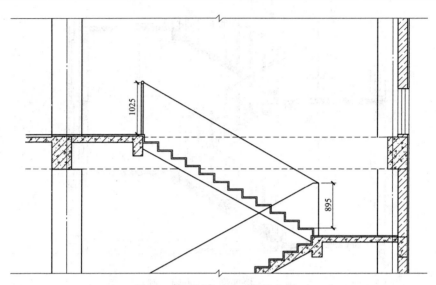

图 2-7　楼梯剖面图（错误案例）

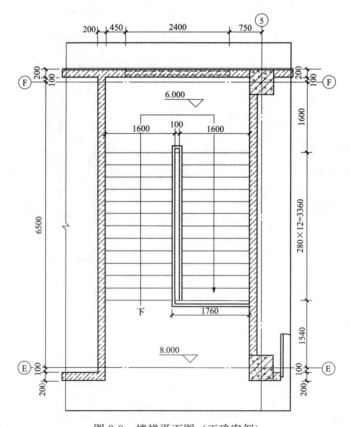

图 2-8　楼梯平面图（正确案例）

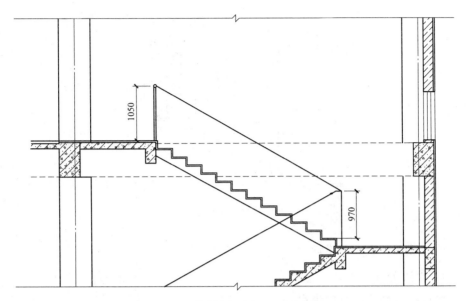

图 2-9　楼梯剖面图（正确案例）

3. 设计提示

（1）托儿所、幼儿园、中小学及少年儿童专用活动场所的楼梯，梯井净宽大于 0.20m 时，必须采取防止少年儿童攀滑的措施，楼梯栏杆应采取不易攀登的构造，应采用垂直杆件做栏杆时，其杆件净距不应大于 0.11m。

（2）梯井宽度指上下对应梯段结构面之间的水平距离。

（3）楼梯井净宽大于 0.11m 时，必须采取防止儿童攀滑的措施。

（4）托幼、中小学内设置三跑楼梯时，梯井宽度超过 0.20m，一侧水平扶手超过 0.50m 时，必须采取防止少年儿童攀滑的措施，如图 2-10 和图 2-11 所示。

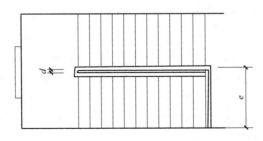

图 2-10　少年儿童活动场所楼梯平面图

注　$d > 0.20$m 时，少年儿童专用活动场所楼梯扶手必须采取防止攀滑的措施，如设置防滑块等。

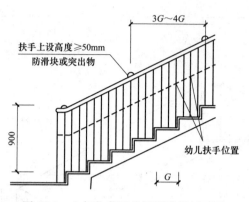

图 2-11　少年儿童活动场所楼梯剖面图

四、楼梯、楼梯间设计

1. 常见问题

设计踏步高宽不符合规定。

2. 解决措施

(1) 依据《民用建筑设计通则》（GB 50352—2005）中楼梯踏步高宽比的规定。

(2) 依据《老年人居住建筑设计规范》（GB 50340—2016）。楼梯踏步踏面宽度不应小于 0.28m，踏步踢面高度不应大于 0.16m。同一楼梯梯段的踏步高度、宽度应一致，不应设置非矩形踏步或在休息平台区设置踏步。

(3) 依据《无障碍设计规范》（GB 50763—2012）。

1) 无障碍楼梯应符合下列规定：公共建筑楼梯的踏步宽度不应小于280mm，踏步高度应大于 160mm。

2) 台阶的无障碍设计应符合下列规定：公共建筑的室内外台阶踏步宽度不宜小于 300mm，踏步高度不宜大于 150mm，并不应小于 100mm。

3. 设计提示

依据《无障碍设计规范》（GB 50763—2012）、《中小学校设计规范》（GB 50099—2011）的规定，供残疾人、老年人、中小学生使用的楼梯不应采用螺旋或扇形踏步。《老年人居住建筑设计规范》（GB 50340—2016）的规定，老年人居住建筑严禁采用螺旋楼梯或弧线楼梯。

4. 小知识

(1) 疏散楼梯不宜采用螺旋楼梯和扇形楼梯，但踏步上下两级所形成的平面角度不大于 10°，且每级离内侧扶手中心 0.25m 处的踏步宽度超过 0.22m 时，可做疏散楼梯。当此类楼梯用作疏散楼梯时，楼梯的疏散宽度应为实际梯宽减去 0.25m，如图 2-12 所示。

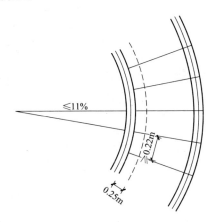

图 2-12　弧形楼梯踏步宽度示意图

（2）踏步宽度 b 加高 h，宜为 $b+h=450\text{mm}$，$b+2h\geqslant600\text{mm}$。踏步的高宽比应符合表 2-1 的规定。

表 2-1　　　　　　　　　　　楼梯踏步最小宽度和最大高度　　　　　　　　　　（m）

楼梯类别	最小宽度	最大高度
住宅共用楼梯	0.26	0.175
幼儿园、小学校等楼梯	0.26	0.15
电影院、剧场、体育馆、商场、医院、旅馆和大中学校等楼梯	0.28	0.16
其他建筑楼梯	0.26	0.17
专用疏散楼梯	0.25	0.18
服务楼梯、住宅套内楼梯	0.22	0.20

第二节　台阶与坡道设计

一、台阶设计

1. 常见问题

室外踏步宽度小于 0.30m，踏步高度大于 0.15m，如图 2-13 所示。

2. 解决措施

依据《民用建筑设计通则》（GB 50352—2005），台阶设置应符合下列规定：公共建筑室内外台阶踏步宽度不宜小于 0.30m，踏步高度不宜大于 0.15m，并

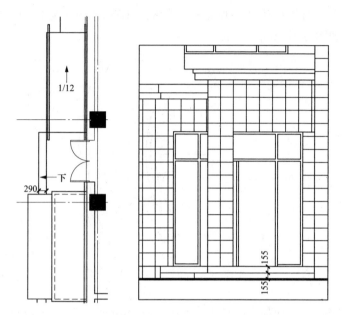

图 2-13　室外踏步宽度（错误示例）

不宜小于 0.10m，踏步应防滑，如图 2-14 所示。室内台阶踏步数不应少于两级，当高差不足两级时，应按坡道设置。

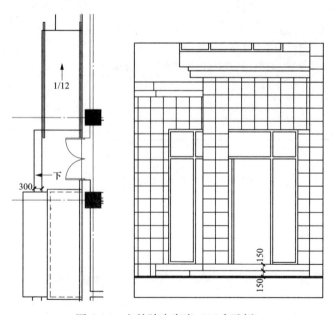

图 2-14　室外踏步宽度（正确示例）

3. 设计提示

依据《民用建筑设计通则》（GB 50352—2005），台阶设置应符合下列规定：人流密集的场所台阶高度超过 0.70m 并侧面临空时，应有防护措施。

二、坡道设计

1. 常见问题

室外坡度过陡，未采取防滑措施。

2. 解决措施

依据《民用建筑设计通则》（GB 50352—2005），坡道设置应符合以下规定：

（1）室内坡道坡度不宜大于 1∶8，室外坡道坡度不宜大于 1∶10。

（2）自行车推行坡道每段坡长不宜超过 6m，坡度不宜大于 1∶5。

3. 设计提示

（1）依据《中小学校设计规范》（GB 50099—2011），走道高差变化处必须设置台阶时，应设于明显及有天然采光处。

（2）依据《无障碍设计规范》（GB 50763—2012），台阶的无障碍设计应符合下列规定：三级及三级以上的台阶应在两侧设置扶手。

（3）依据《老年人居住建筑设计规范》（GB 50340—2016）。老年人公寓楼梯梯段两侧均应设置连续扶手，老年人住宅楼梯梯段两侧宜设置连续扶手。

（4）依据《托儿所、幼儿园建筑设计规范》（JGJ 39—2016），在幼儿安全疏散和经常出入的通道上不应设有台阶，必要时可设防滑坡道，其坡度不应大于 1∶12。

第三节　厕所浴室布置

一、住宅卫生间设计

（1）每套住宅应设一个以上卫生间，其中一个卫生间至少应配置 3 件卫生器具，如图 2-15～图 2-18 所示。不同器具组合的卫生间，使用面积不应小于以下规定：

1）设便器、洗浴器（浴缸或淋浴）、洗面器 3 件卫生洁具的面积为 3m²。

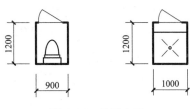

图 2-15　单件布置

2）设淋浴器、洗面器两件卫生洁具的面积为 2.5m²。

3）设便器、洗面器两件卫生洁具的面积为 2m²。

4）单设便器的面积为 1.1m²。

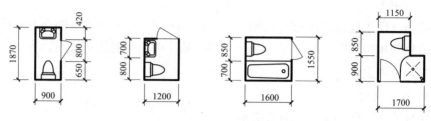

图 2-16　两件布置

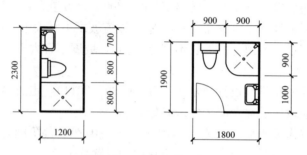

图 2-17　两件及淋浴布置

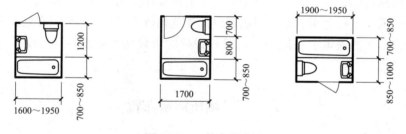

图 2-18　三件合设布置

5）单设淋浴器的面积为 1.2m²。

（2）如厕所单独隔开，内设便器时，其面积不应小于：外开门 1.1m²（0.9m×1.2m），内开门 1.35m²（0.9m×1.5m）。

（3）无前室的卫生间的门不应直接开向起居室（厅）或餐厅、厨房。

（4）卫生间宜有直接采光、自然通风。每套住宅有两个以上的卫生间时，至少宜有一间有直接采光、自然通风。严寒、寒冷和夏热冬冷地区无通风窗口的卫生间应设竖向排气道或机械排风装置。卫生间门下方应设进风固定百叶，有效截面积不小于 0.02m²，或留 15～20mm 进风缝隙。

（5）卫生间不应布置在下层住户厨房、卧室、起居室和餐厅的上层，并应防止排水立管贴邻或穿越下层住户的卧室。当布置在本套内上述房间的上层时，应采取防水、隔声和便于检修的技术措施，避免支管穿楼板的做法。

（一）常见问题一

1. 常见问题

卫生间布置在主卧室的上方，如图 2-19 所示。

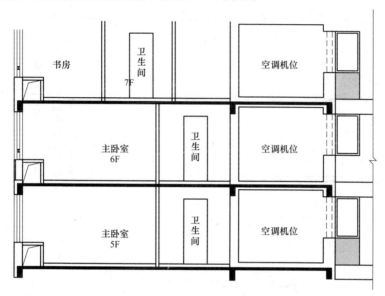

图 2-19 卫生间与各房间位置图（错误示例）

2. 解决措施

依据《民用建筑设计通则》（GB 50352—2005），厕所、盥洗室、浴室应符合下列规定：除本套住宅外，住宅卫生间不应直接布置在下层的卧室、起居室、厨房和餐厅的上层，如图 2-20 所示。

3. 设计提示

依据《民用建筑设计通则》（GB 50352—2005），厕所、盥洗室、浴室应符合以下规定：

（1）建筑物的厕所、盥洗室、浴室不应直接布置在餐厅、食品加工、食品贮存、医药、变配电等有严格卫生要求或防水、防潮要求用房的上层；除本套住宅外，住宅卫生间不应直接布置在下层的卧室、起居室、厨房和餐厅的上层。

（2）卫生用房宜有天然采光和不向邻室对流的自然通风，无直接自然通风和严寒及寒冷地区用房宜设自然通风道；当自然通风不能满足通风换气要求时，应采用机械通风。

（二）常见问题二

1. 常见问题

洗脸盆中心与侧墙面净距小于 0.55m，如图 2-21 所示。

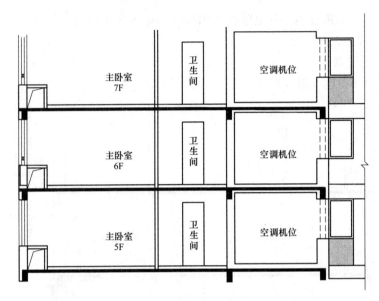

图 2-20　卫生间与各房间位置图（正确案例）

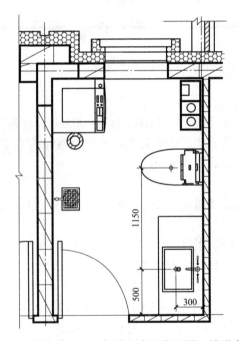

图 2-21　洗脸盆中心与侧墙面净距位置图（错误案例）

2. 解决措施

依据《民用建筑设计通则》（GB 50352—2005），卫生间设备间距应符合下列规定：洗脸盆或盥洗槽水嘴中心与侧墙面净距不宜小于 0.55m，如图 2-22 所示。

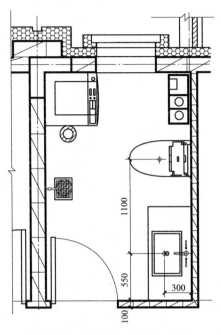

图 2-22　洗脸盆中心与侧墙面净距位置图（正确案例）

二、公共卫生间设计

（1）商场（含超市）、饭店、展览馆、影剧院、体育场馆、机场、火车站、地铁、广场、街道和公园等服务性部门，必须根据其客流量，建设相应规模和数量的附属式公用卫生间（公共厕所），附属式公用卫生间的大、小便器及洗手盆最少数量不应少于 2 个，并应适当增加女厕的建筑面积和厕位数量，具体见表 2-2～表 2-7。

表 2-2　　　　公共场所公共厕所每一卫生器具服务人数设置标准

卫生器具 设置位置	大便器		小便器
	男	女	
广场、街道	1000	700	1000
车站、码头	300	200	300
公园	400	300	400
体育场外	300	200	300
海滨活动场所	70	50	60

注　表中数据摘自《城市公共厕所设计标准》（CJJ 14—2005）。

表 2-3 商场、超市和商业街为顾客服务的卫生设施

商场购物面积/m²	设施	男	女
1000～2000	大便器	2	3
	小便器	2	无
	洗手盆	2	2
	无障碍卫生间	1	
2001～4000	大便器	2	4
	小便器	2	无
	洗手盆	2	4
	无障碍卫生间	1	
≥4000	按照购物场所面积成比例增加		

注 1. 表中数据摘自《城市公共厕所设计标准》(CJJ 14—2005)。

2. 该表推荐顾客使用的卫生设施是对净购物面积 1000m² 以上的商场而言。

3. 该表假设男、女顾客各为 50%，当接纳性别比例不同时应进行调整。

4. 商业街应按各商店的面积合并后计算，按上表比例配置。

5. 超市中供顾客使用的公共卫生间应设在货物收款区外。

表 2-4 饭店、咖啡店、小吃店、茶艺馆、快餐店为顾客配置的卫生设施

设施	男	女
大便器	400 人以下，每 100 人配一个，超过 400 人，每增加 250 人增设一个	200 人以下，每 50 人配一个，超过 200 人，每增加 250 人增设一个
小便器	每 50 人一个	无
洗手盆	每个大便器配一个，每 5 个小便器配一个	每个大便器配一个
清洗池	至少配一个	

注 1. 表中数据摘自《城市公共厕所设计标准》(CJJ 14—2005)。

2. 该表推荐顾客使用的卫生设施是对净购物面积 1000m² 以上的商场而言。

表 2-5 公共文体活动场所配置的卫生设施

设施	男	女
大便器	影院、剧场、音乐厅和相似活动的附属场所，250 人以下设一个，每增加 1～500 人增设一个	影院、剧场、音乐厅和相似活动的附属场所：不超过 40 人的设一个；40～70 人的设 3 个；71～100 人的设 4 个；每增 1～40 人增设一个
小便器	影院、剧场、音乐厅的相似活动的附属场所，100 人以下设两个，每增加 1～80 人增设一个	—

续表

设施	男	女
洗手盆	每一个大便器配一个，每1～5个小便器配一个	每一个大便器配一个，每增加两个大便器增设一个
清洗池	至少一个，用于清洁	

注　表中数据摘自《城市公共厕所设计标准》（CJJ 14—2005）。

表2-6 　　　　　　　　　　　　　**饭店（宾馆）为顾客配置的卫生设施**

招待类型	设备设施	数量	要求
附有整套卫生设施的饭店	整套卫生设施	每套客房一套	含澡盆（淋浴）、坐便器和洗手盆
	公用卫生间	男女各一套	设置底层大厅附近
	职工洗澡间	每9名职员配一套	—
	清洗池	每30个客房配一个	每层至少一个
不带卫生套间的饭店和客房	大便器	每9人一个	—
	公共卫生间	男女各一套	设置底层大厅附近
	洗澡间	每9名客人配一套	含澡盆（淋浴）、坐便器和洗手盆
	清洗池	每层一个	

注　表中数据摘自《城市公共厕所设计标准》（CJJ 14—2005）。

表2-7 　　　　　　　　　　　　**附属式公用卫生间类别及主要要求**

项目 ＼ 类别	一类	二类
平面布置	男厕大便间、小便间和盥洗室应分室独立设置。女厕分二室	男厕大便间、小便间应分室独立设置。盥洗室男女可公用
使用面积	平均4～5m²设一个大便厕位	平均3～5m²设一个大便厕位
大便厕位面积/m²	0.9×（1.2～1.5）	（0.85～0.9）×（1.1～1.4）
室内高度	同主体建筑的高度	同主体建筑的高度

（2）卫生间宜设置前室。无前室的卫生间外门不宜同办公室、居住等房门相对。外门应保持经常关闭状态，如设弹簧门、闭门器等。对于人流较大的交通建筑，卫生间可不设门，但应避免视线干扰。

（3）清洁间宜单独设置。内设拖布池、拖布挂钩及清洁用具存放的柜架。

（4）厕所、浴室隔间最小尺寸应符合下列规定：厕所隔断高1.5～1.8m；淋浴、浴盆隔断高1.8m。其他尺寸如图2-23所示。

（5）卫生设备间距的最小尺寸应符合图2-24所示的规定。

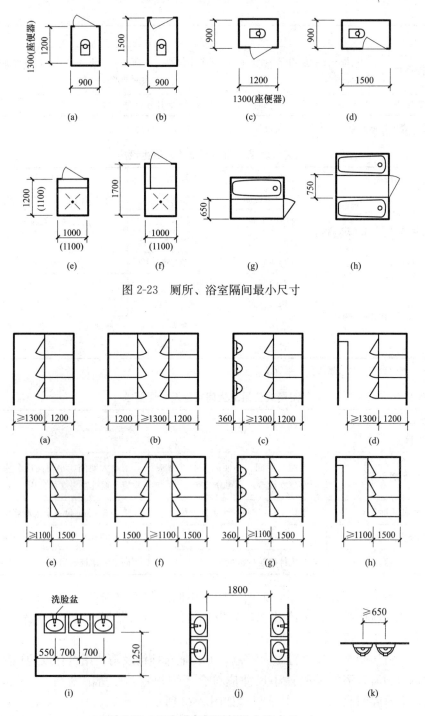

图 2-23　厕所、浴室隔间最小尺寸

图 2-24　卫生设备间距的最小尺寸（一）

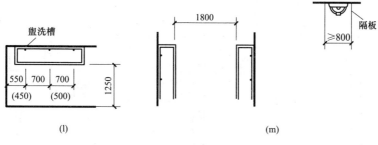

图 2-24　卫生设备间距的最小尺寸（二）

（一）常见问题一

1. 常见问题

（1）并列洗脸盆水嘴中心间距过小。

（2）并列小便器中心与中心的距离小于规定值。

（3）外开门时单侧厕所隔间至对面墙的净距小于规定值。

（4）外开门时单侧厕所隔间至对面小便器或小便槽外沿的间距小于规定值。

以上问题如图 2-25 所示。

2. 解决措施

依据《民用建筑设计通则》（GB 50352—2005），卫生设备间距应符合以下规定：

（1）并列洗脸盆或盥洗槽水嘴中心间距不应小于 0.70m。

（2）并列小便器的中心距离不应小于 0.65m。

（3）单侧厕所隔间至对面墙面的净距：当采用外开门时不应小于 1.30m。

（4）单侧厕所隔间至对面小便器或小便槽外沿的净距：当采用外开门时，不应小于 1.30m。

以上解决措施如图 2-26 所示。

（二）常见问题二

1. 常见问题

（1）公共厕所，特别是人流集中的公共厕所，设计不仅没有适当加大女厕所的比例，女厕所甚至少于男厕所。

（2）单侧厕所隔间至对面墙面的净距：采用内开门时小于规定值。

（3）单侧厕所隔间至对面小便器或小便槽外沿的净距：采用内开门时小于规定值。

（4）双侧厕所隔间之间的净距小于规定值。

2. 解决措施

依据《民用建筑设计通则》（GB 50352—2005），应符合以下规定：

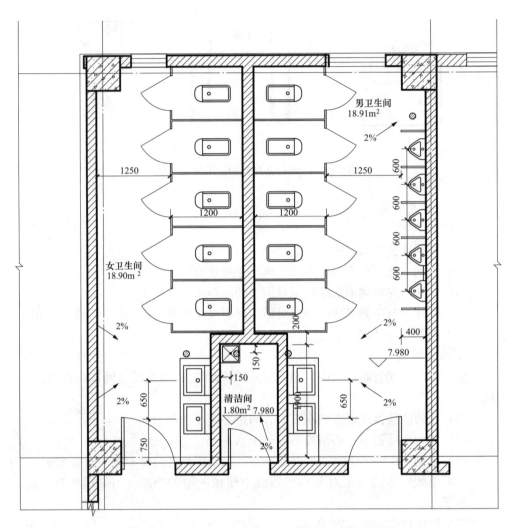

图 2-25 洗脸盆间距和小便器间距位置图（错误案例）

（1）卫生设备配置的数量应符合专用建筑设计规范的规定，在公用厕所男女厕位的比例中，应适当加大女厕位比例。

（2）单侧厕所隔间至对面墙面的净距：当采用内开门时不应小于 1.10m；当采用外开门时不应小于 1.30m。

（3）单侧厕所隔间至对面小便器或小便槽外沿的净距：当采用内开门时，不应小于 1.10m；当采用外开门时不应小于 1.30m。

（4）双侧厕所隔间之间的净距：当采用内开门时，不应小于 1.10m（见图2-27），当采用外开门时不应小于 1.30m（见图2-28）。

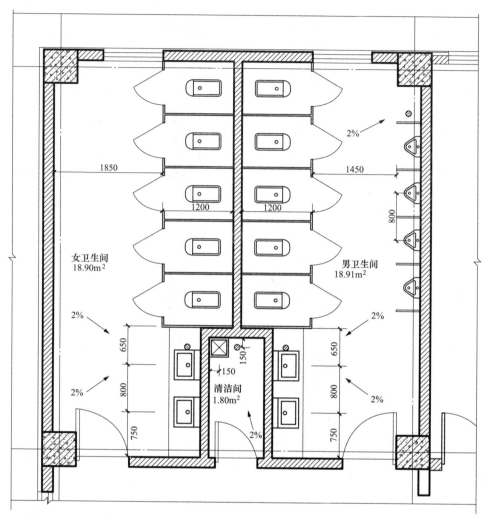

图 2-26 洗脸盆间距和小便器间距位置图（正确案例）

3. 设计提示

依据《民用建筑设计通则》（GB 50352—2005），卫生设备间距应符合以下规定：

（1）单侧并列洗脸盆或盥洗槽外沿至对面墙的净距不应小于 1.25m，如图 2-29 所示。

（2）双侧并列洗脸盆或盥洗槽外沿之间的净距不应小于 1.80m，如图 2-30 所示。

（3）浴盆长边至对面墙面的净距不应小于 0.65m；无障碍盆浴间短边净宽度不应小于 2m，如图 2-31 所示。

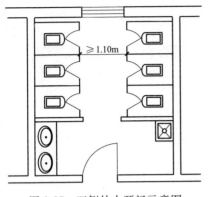

图 2-27　双侧外内开门示意图

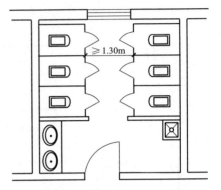

图 2-28　双侧外开门示意图

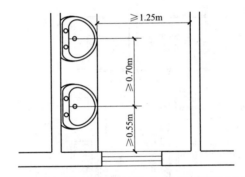

图 2-29　单侧并列洗脸盆外沿至对面墙的净距示意图

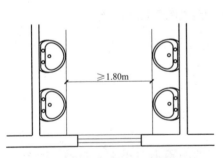

图 2-30　双侧并列洗脸盆
外沿之间净距示意图

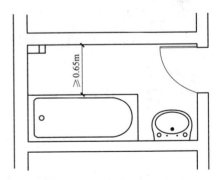

图 2-31　浴盆长边至对面墙面的净距示意图

第四节　厨　房　设　计

1. 常见问题

厨房操作面净长小于规定长度，如图 2-32 所示。

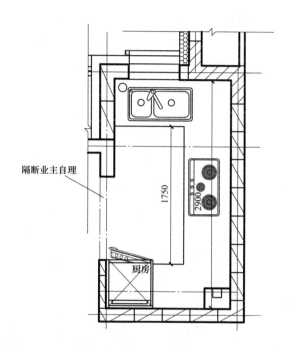

隔断业主自理

1750

2900

厨房

图 2-32　厨房操作面净长示意图（错误案例）

2. 解决措施

依据《全国民用建筑工程设计技术措施 规划·建筑·景观》，厨房设备的布置应方便操作，符合洗、切、烧的炊事流程，操作面最小净长 2.1m，如图 2-33 所示。

3. 设计提示

依据《国民用建筑工程设计技术措施 规划·建筑·景观》，应符合以下规定：

（1）厨房的净宽、净长应符合表 2-8 的规定。平面布置示意图如图 2-34 所示。厨房的净高：安装燃气灶的不宜小于 2.2m；安装燃气热水器和燃气壁挂炉的不宜小于 2.4m。厨房门洞口净宽度不宜小于 0.8m。

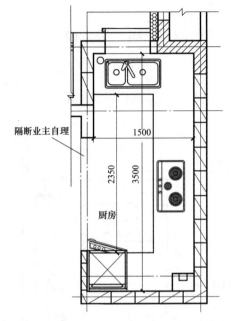

图 2-33　厨房操作面净长示意图（正确案例）

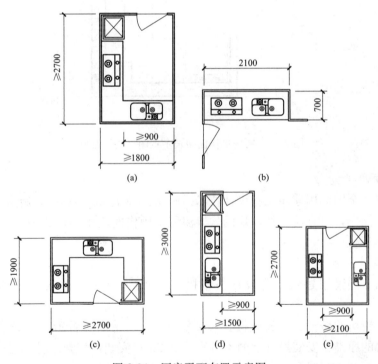

图 2-34　厨房平面布置示意图

(a) L 型布置；(b) 壁柜式布置；(c) U 型布置；(d) 单面布置；(e) 双面布置

表 2-8　　　　　　　　　　　厨房净宽、净长

厨房设备布置形式	厨房最小净宽/m	厨房最小净长/m
单面设置	≥1.5	≥3.0
L型布置	≥1.8	≥2.7
双面布置	≥2.1	≥2.7
U型布置	≥1.9	≥2.7
壁柜式	≥0.7	≥2.1

注　本表依据《住宅厨房及相关设备基本参数》(GB 11228—2008)编制。

（2）厨房应有直接采光、自然通风，或通过住宅的阳台通风采光。当厨房外为封闭阳台时，应确保阳台窗有足够的自然通风和采光。

（3）厨房天然采光标准，其侧面采光，窗洞口面积不应小于地面面积的 1/7。其自然通风的通风开口面积不应小于地面面积的 1/10，且不得小于 $0.6m^2$。如通过阳台采光通风时，应以有效的最小采光通风面积计算（距地 800mm 以上为有效采光面积）。按阳台窗计算时，地面面积应包括阳台面积；按阳台内门窗计算时，应乘以 0.7 的折减系数。

（4）厨房不应布置在地下室。当布置在半地下室时，必须满足采光、通风的要求，并采取防水、防潮、排水及安全防护措施。

第五节　电梯、自动扶梯、自动人行道设计

一、电梯设计

（1）按建筑使用功能要求和电梯类别、性质、特点合理选用和配置电梯。电梯类别、性质和特点见表 2-9。

表 2-9　　　　　　　　　　　电梯类别、性质和特点

类别	名称	性质、特点	备注
Ⅰ类	乘客电梯	运送乘客的电梯	简称客梯
Ⅱ类	客货电梯	主要为运送乘客，同时亦可运送货物的电梯	简称客货梯
Ⅲ类	病床电梯	运送病床（包括病人）和医疗设备的电梯	简称病床梯
Ⅳ类	载货电梯	运送通常有人伴随的货物的电梯	简称货梯
Ⅴ类	杂物电梯	供运送图书、资料、文件、杂物、食品等的提升装置，由于结构形式和尺寸关系，轿厢内人不能进入	简称杂物梯

注　1. Ⅰ类、Ⅲ类电梯与Ⅱ类电梯的主要区别在于轿厢内的装修。

2. 住宅与非住宅用电梯都是乘客电梯，住宅用电梯宜采用Ⅱ类电梯。

3. 立体车库中运送汽车的电梯为汽车电梯，此类电梯可并入Ⅳ类。

（2）电梯的设置及要求（以下均为最低要求，设计时可根据工程具体情况提高标准）。

1）住宅七层及以上（含底层为商店或架空层）或最高住户入口层楼面距室外地面高度超过 16m。

2）五层及以上的办公建筑。

3）三层及以上的医院建筑。

4）四层及以上的图书馆建筑、档案馆建筑、疗养院建筑和大型商店。

5）三层及以上的老年人居住建筑。

6）七层及以上的宿舍或居室最高入口层楼面距室外设计地面高度超过 21m。

7）一、二级旅馆建筑三层及以上、三级旅馆四层及以上、四级旅馆六层及以上、五六级旅馆七层以上。

8）三层及以上的一级餐馆与饮食店和四层及以上的其他各级餐馆与饮食店。

9）高层建筑应设置电梯。

10）仓库可按使用要求、规模和层数设置载货电梯。

（3）民用电梯应符合下列规定：

1）电梯不得计作安全出口。

2）以电梯为主要垂直交通的高层公共建筑和 12 层及 12 层以上的高层住宅，每栋楼设置电梯的台数不应少于 2 台。

3）建筑物每个服务区单侧排列的电梯不宜超过 4 台，双侧排列的电梯不宜超过 2×4 台；电梯不应在转角处贴邻布置。

以上问题如图 2-35～图 2-37 所示。

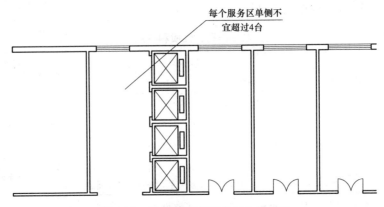

图 2-35　建筑物服务区单侧电梯设置

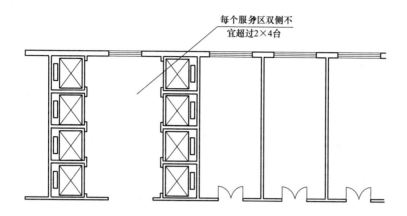

图 2-36 建筑物服务区双侧电梯设置

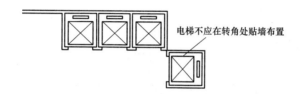

图 2-37 建筑物转角处电梯设置（错误案例）

4）电梯候梯厅应符合表 2-10 的规定，并且不得小于 1.50m。

表 2-10 候梯厅深度

电梯类别	布置方式	候梯厅深度
住宅电梯	单台（见图 2-38）	$\geq B$
	多台单侧排列	$\geq B^*$
	多台双侧排列	$\geq$相对电梯 B^* 之和并 $<3.50\text{m}$
公共建筑电梯	单台	$\geq 1.5B$
	多台单侧排列（见图 2-39）	$\geq 1.5B^*$，当电梯群为 4 台时应 $\geq 2.40\text{m}$
	多台双侧排列（见图 2-40）	$\geq$相对电梯 B^* 之和并 $<4.50\text{m}$
病床电梯	单台	$\geq 1.5B$
	多台单侧排列	$\geq 1.5B^*$
	多台双侧排列	$\geq$相对电梯 B^* 之和

注 B—轿厢深度，B^*—电梯群中最大轿厢深度。

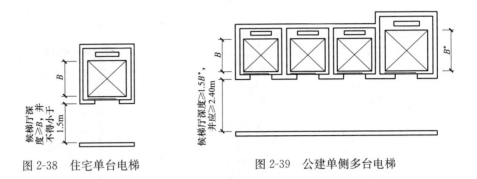

图 2-38　住宅单台电梯　　　　　　　　图 2-39　公建单侧多台电梯

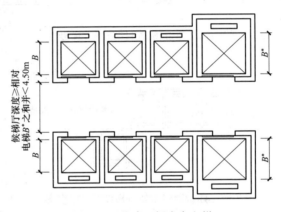

图 2-40　公建双侧多台电梯

二、自动扶梯、自动人行道设计

（1）自动扶梯、自动人行道应符合下列规定：

1）自动扶梯和自动人行道不得计作安全出口。

2）出入口畅通区的宽度不应小于 2.50m（见图 2-41），畅通区有密集人流穿行时，其宽度应加大（见图 2-42）。

3）栏板应平整、光滑和无突出物；扶手带顶面距自动扶梯前缘、自动人行道踏板面或胶带面的垂直高度不应小于 0.90m（见图 2-43 和图 2-44）；扶手带外边至任何障碍物不应小于 0.50m，否则应采取措施防止障碍物引起人员伤害（见图 2-45）。

4）扶手带中心线与平行墙面或楼板开口边缘间的距离、相邻平行交叉设置时两梯（道）之间扶手带中心线的水平距离不宜小于 0.50m，否则应采取措施防止障碍物引起人员伤害，如图 2-46 和图 2-47 所示。

5）自动扶梯的梯级、自动人行道的踏板或胶带上空，垂直净高不应小于 2.30m，如图 2-48 和图 2-49 所示。

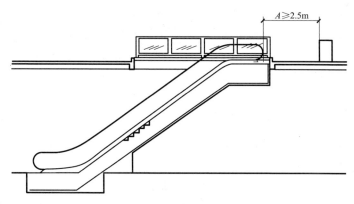

图 2-41 自动扶梯人行道宽度

A—扶手带顶面距自动扶梯前缘的垂直距离

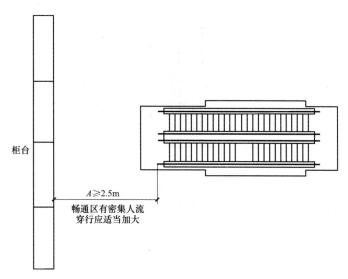

图 2-42 有密集人流的人行道净距

A—扶手带顶面距自动扶梯前缘的垂直距离

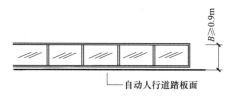

图 2-43 扶手带顶面距自动人行道板面垂直高度

B—自动人行道踏板面或胶带面的垂直高度

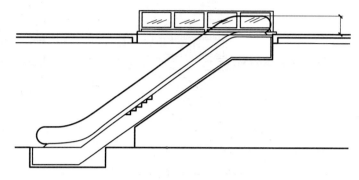

图 2-44　胶带面的垂直高度

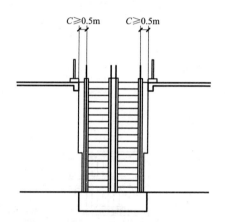

图 2-45　扶手带外边至障碍物净距

C—扶手带外边至任何障碍物的距离

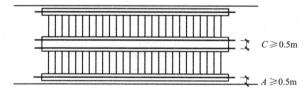

图 2-46　相邻平行交叉两梯扶手中心线水平距离

A—扶手带中心线与平行墙面间的距离；C—相邻两梯扶手带中心线的水平距离

6) 自动扶梯的倾斜角不应超过 30°，当提升高度不超过 6m、额定速度不超过 0.50m/s 时，倾斜角度允许增至 35°（见图 2-50）；倾斜式自动人行道的倾斜角度不应超过 12°（见图 2-51）。

7) 自动扶梯和层间相同的自动人行道单向设置时，应就近布置相匹配的

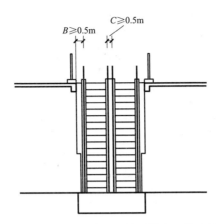

图 2-47 扶手带中心线净距和扶手带中心线和墙面净距

B—扶手带中心线与楼板开口边缘间的距离；C—相邻两梯扶手带中心线的水平距离

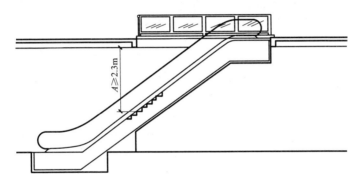

图 2-48 自动扶梯梯级垂直净高

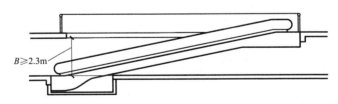

图 2-49 自动人行道踏板垂直净高

楼梯。

8）设置自动扶梯或自动人行道所形成的上下层贯通空间，应符合防火规范所规定的有关防火分区等要求。

（2）自动扶梯应设置在建筑物入口处经合理安排的流线上。自动扶梯平面、立面、剖面如图 2-52 所示。具体工程设计时应以供货厂家土建技术条件为准。

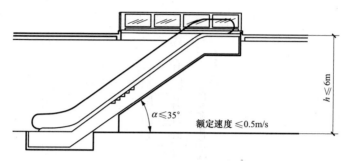

图 2-50　自动倾斜扶梯角度

α—自动扶梯倾斜角；h—自动扶梯提升高度

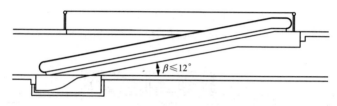

图 2-51　倾斜式自动人行道倾斜角度

β—自动人行道倾斜角

（3）自动扶梯宜上下成对布置，宜采用使上行或下行者能连续到达各层，即在各层换梯时，不宜沿梯绕行，以方便使用者，并减少人流拥挤现象。自动扶梯的集中布置形式如图 2-53 所示。

（4）自动人行道最大倾斜角为小于或等于 12°，适于大型交通建筑。自动人行道平面、剖面图如图 2-54 所示。

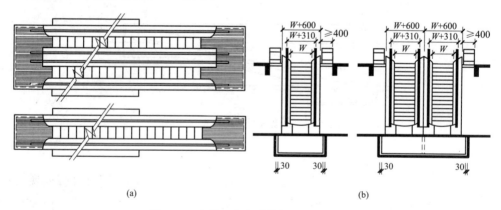

(a)　　　　　　　　　　　　　(b)

图 2-52　台及双台自动扶梯示意图（一）

（a）台及双台并排平面；（b）单台及双台并排立面

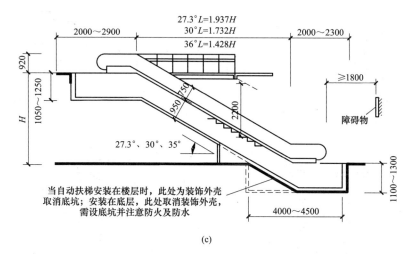

图 2-52　台及双台自动扶梯示意图（二）

（c）纵剖面

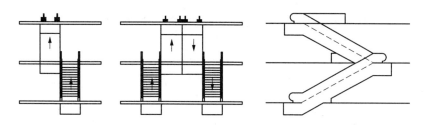

注：楼层交通乘客流动可以连续，升降两方向交通均匀分离清楚，外观豪华，但安装面积大。

(a)

注：安装面积小，但楼层交通不连续。

(b)

图 2-53　自动扶梯的几种布置方式（一）

（a）并联排列式；（b）平行排列式

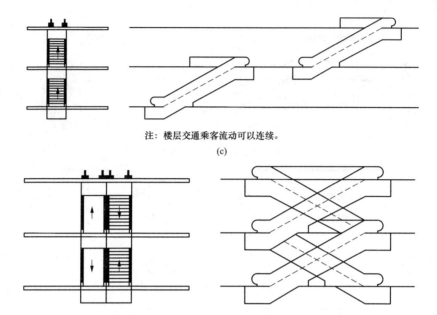

注：楼层交通乘客流动可以连续。

(c)

注：乘客流动升降两方向均为连续，且搭乘场远离，升降流动不发生混乱。

(d)

图 2-53 自动扶梯的几种布置方式（二）

（c）串联排列式；（d）交叉排列式

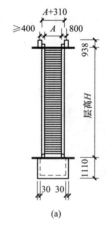

(a)

图 2-54 自动人行道平面、剖面示意图（一）

（a）立面

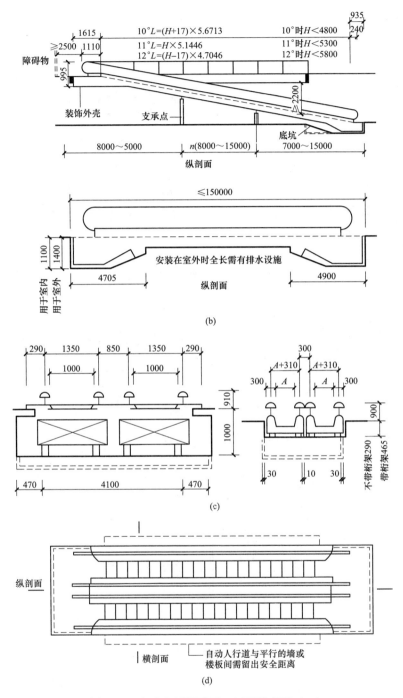

图 2-54　自动人行道平面、剖面示意图（二）

（b）纵剖面；（c）横剖面；（d）纵剖面

第三章

建 筑 防 火 设 计

建筑的防火设计关乎我们的生命安全，所以建筑防火设计至关重要。本章节针对施工图中防火设计总平面图、防火防烟与建筑构件、安全疏散设计中常见的一些问题进行剖析，提醒广大设计师在施工图设计中避免一些不必要的错误。

第一节　防火设计基础

一、常用术语

（1）高层建筑：指建筑高度大于 27m 的住宅建筑和建筑高度大于 24m 的非单层厂房、仓库和其他民用建筑，如图 3-1 和图 3-2 所示。

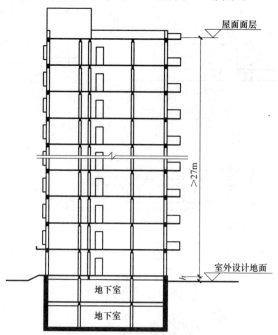

图 3-1　高层住宅建筑剖面示意图

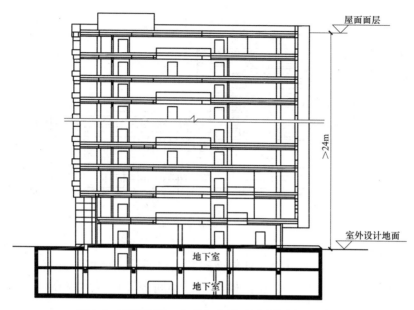

图 3-2　高层厂房、仓库和高层民用建筑剖面示意图

（2）裙房：指在高层建筑主体投影范围内，与建筑主体相连且建筑高度不大于 24m 的附属建筑，如图 3-3 和图 3-4 所示。

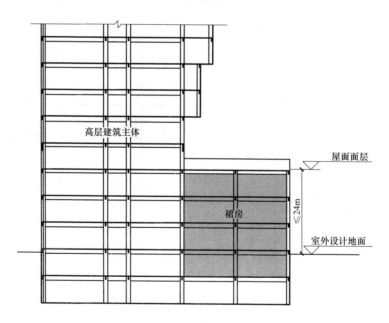

图 3-3　裙房坡面示意图

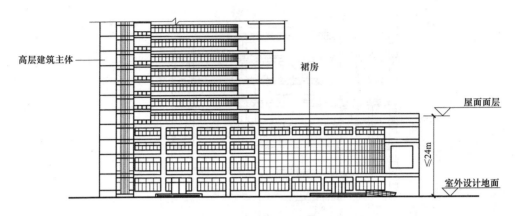

图 3-4　裙房立面示意图

（3）建筑高度：指建筑物室外地面到其檐口或屋面面层的高度，屋顶上的水箱间、电梯机房、排烟机房和楼梯出入口小间等不计入建筑高度，如图 3-5 所示。

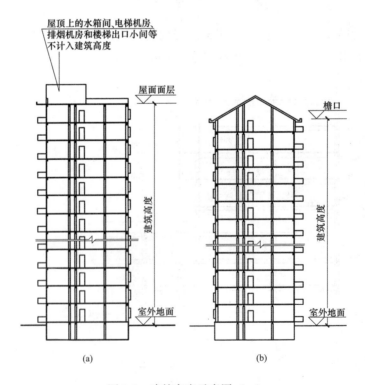

图 3-5　建筑高度示意图（一）

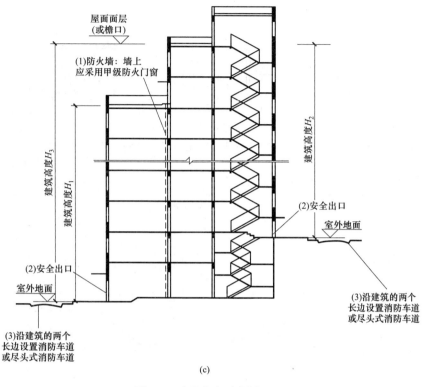

图 3-5 建筑高度示意图（二）

注 同时具备（1）、（2）、（3）三个条件时可按 H_1、H_2 分别计算建筑高度，否则应按 H_3 计算建筑高度。

（4）重要公共建筑：指发生火灾可能造成重大人员伤亡、财产损失和严重社会影响的公共建筑。

（5）商业服务网点：指设置在住宅建筑的首层或首层及二层，每个分隔单元建筑面积不大于 $300m^2$ 的商店、邮政所、储蓄所、理发店等小型营业性用房，如图 3-6～图 3-9 所示。

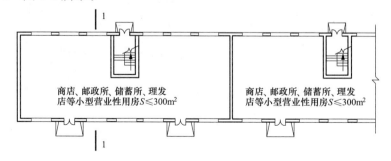

图 3-6 首层为商业服务网点的住宅建筑

75

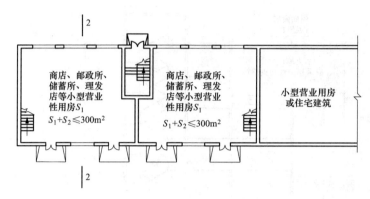

图 3-7　首层平面示意图

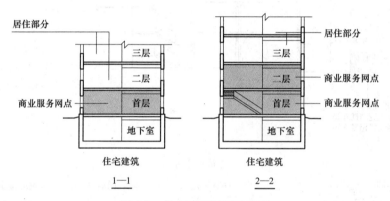

图 3-8　住宅建筑剖面示意图

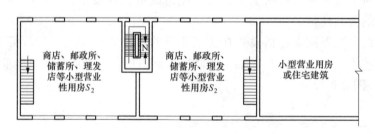

图 3-9　首层及二层为商业服务网店的住宅平面示意图

（6）半地下室：指房间地面低于室外设计地面的平均高度大于该房间平均净高 1/3，且不大于 1/2 者，如图 3-10 所示。

（7）地下室：指房间地面低于室外设计地面的平均高度大于该房间平均净高 1/2 者，如图 3-11 所示。

（8）综合楼：指由两种及两种以上用途的楼层组成的公共建筑，如图 3-12

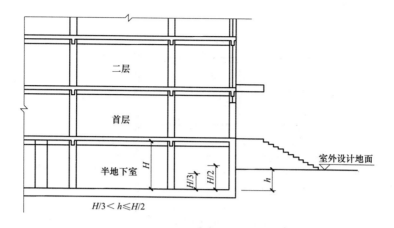

图 3-10 半地下室示意图

H—地下室或半地下室房间均净高；h—房间地平面低于室外地面的平均高度

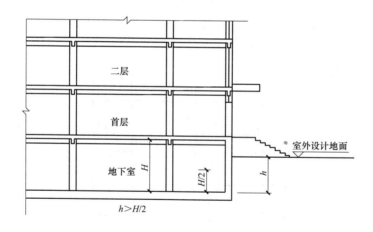

图 3-11 地下室示意图

所示。

（9）商住楼：指由底部商业营业厅与住宅组成的高层建筑，如图 3-13 所示。

（10）耐火极限：在标准耐火试验条件下，建筑构件、配件或结构从受到火的作用时起至失去承载能力、完整性或隔热性时止所用时间，用小时表示。

（11）防火隔墙：建筑内防止火灾蔓延至相邻区域且耐火极限不低于规定要求的不燃性墙体。

（12）防火墙：防止火灾蔓延至相邻建筑或相邻水平防火分区的且耐火极限不低于 3.00h 的不燃性墙体。

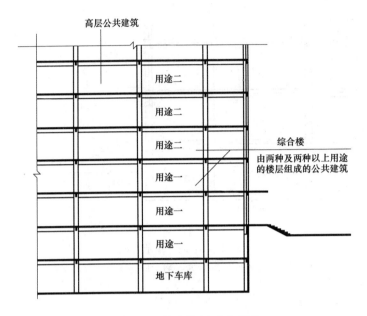

图 3-12　综合楼剖面示意图

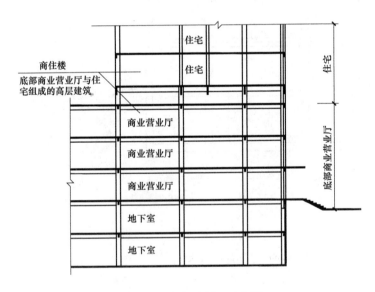

图 3-13　商住楼剖面示意图

（13）避难层：建筑内用于人员暂时躲避火灾及其烟气危害的楼层（房间）。

（14）安全出口：供人员安全疏散用的楼梯间和室外楼梯的出入口或直通室内外安全区域的出口。

（15）封闭楼梯间：在楼梯间入口设置门，以防止火灾和烟的热气进入的楼梯间。

（16）防烟楼梯间：在楼梯间入口处设置防烟的前室、开敞式阳台或凹廊（统称前室）等设施，且通向前室和楼梯间的门均为防火门。用以防止火灾的烟和热气进入的楼梯间。

（17）避难走道：采取防烟措施且两侧设置耐火极限不低于 3.00h 的防火隔墙，用于人员安全通行至室外的走道，如图 3-14 所示。

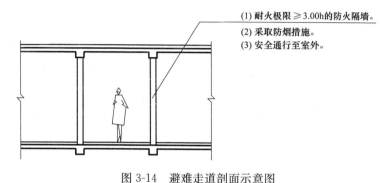

（1）耐火极限≥3.00h 的防火隔墙。
（2）采取防烟措施。
（3）安全通行至室外。

图 3-14　避难走道剖面示意图

（18）防火间距：防止着火建筑在一定时间内引燃相邻建筑，便于消防员扑救的间隔距离。

（19）防火分区：在建筑内部采用防火墙、楼板及其他防火分隔设施分隔而成，能在一定时间内防止火灾向同一建筑的其余部分蔓延的局部空间。

二、建筑分类

（1）民用建筑的分类。民用建筑根据其建筑高度和层数可分为单层、多层民用建筑和高层民用建筑。高层民用建筑根据其建筑高度、使用功能和楼层的建筑面积可分为一类和二类，具体情况见表 3-1。

表 3-1　　　　　　　　　　　　　民用建筑分类

名称	高层民用建筑		单、多层民用建筑
	一类	二类	
住宅建筑	建筑高度大于 54m 的住宅建筑（包括设置商业服务网点的住宅建筑），如图 3-15 所示	建筑高度大于 27m、但不大于 54m 的住宅建筑（包括设置商业服务网点的住宅建筑），如图 3-16 所示	建筑高度不大于 27m 的住宅建筑（包括设置商业服务网点的住宅建筑），如图 3-17 所示

续表

名称	高层民用建筑		单、多层民用建筑
	一类	二类	
公共建筑	(1) 建筑高度大于 50m 的公共建筑，如图 3-18 所示。 (2) 建筑高度 24m 以上部分任一楼层建筑面积大于 1000m² 的商店、展览、电信、邮政、财贸金融建筑和其他多种功能组合的建筑，如图 3-19 所示。 (3) 医疗建筑、重要公共建筑。 (4) 省级及以上的广播电视和防灾指挥调度建筑、网局级和省级电力调度建筑。 (5) 藏书超过 100 万册的图书馆、书库建筑	除一类高层公共建筑外的其他高层建筑	(1) 建筑高度大于 24m 的单层公共建筑，如图 3-20 所示。 (2) 建筑高度不大于 24m 的其他公共建筑，如图 3-21 所示

注 表中未列入的建筑，其类别应根据本表类比确定。

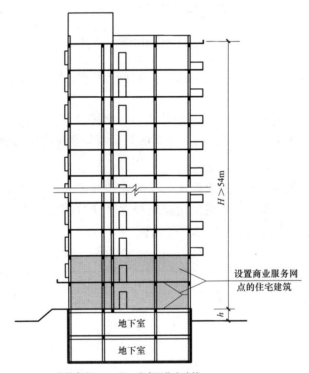

建筑高度＞54m 的一类高层住宅建筑
(包括设置商业服务网点的住宅建筑)

图 3-15　一类高层住宅建筑剖面示意图

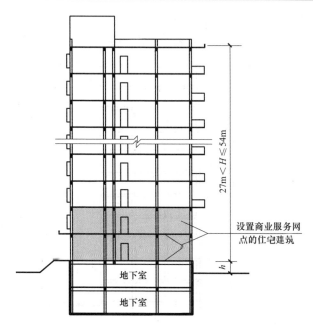

27m<建筑高度≤54m的二类高层住宅建筑
(包括设置商业服务网点的住宅建筑)

图 3-16 二类高层住宅建筑剖面示意图

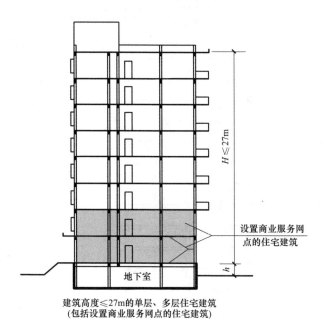

建筑高度≤27m的单层、多层住宅建筑
(包括设置商业服务网点的住宅建筑)

图 3-17 单层、多层住宅建筑剖面示意图

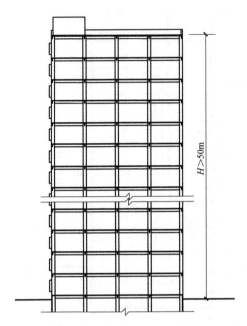

图 3-18　建筑高度＞50m 的一类高层公共建筑剖面示意图

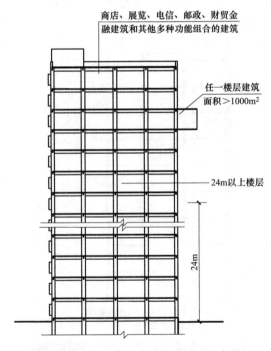

图 3-19　一类高层公共建筑剖面示意图

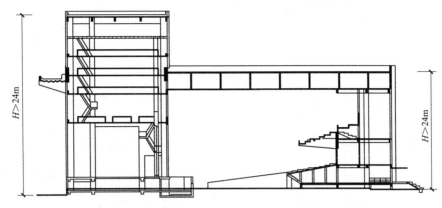

图 3-20 建筑高度＞24m 的单层公共建筑剖面示意图

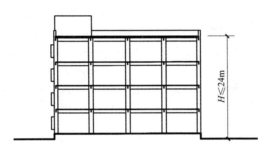

图 3-21 建筑高度≤24m 的单、多层公共建筑剖面示意图

H—室内外差或建筑的地下或半地下的顶板面高出室外设计地面的高度

（2）高层建筑的分类。高层建筑应根据其使用性质、火灾危险性、疏散和扑救难度进行分类，具体见表 3-2。

表 3-2　　　　　　　　　　　居住和公共高层建筑分类

名称	一类	二类
居住建筑	十九层及十九层以上的住宅	十层至十八层的住宅
公共建筑	（1）医院。 （2）高级旅馆。 （3）建筑高度超过 50m 或 24m 以上部分的任一楼层的建筑面积超过 1000m² 的商业楼、展览楼、综合楼、电信楼、财贸金融楼。 （4）建筑高度超过 50m 或 24m 以上部分的任一楼层面积超过 1500m² 的商住楼，如图 3-22 所示。 （5）中央级和省级（含计划单列市）广播电视楼。 （6）网局级和省级（含计划单列市）电力调度楼。 （7）省级（含计划单列市）邮政楼、防灾指挥调度楼。 （8）藏书超过 100 万册的图书馆、书库。 （9）重要的办公楼、科研楼、档案楼。 （10）建筑高度超过 50m 的教学楼和普通的旅馆、办公楼、科研楼、档案楼等	（1）除一类建筑以外的商业楼、展览楼、综合楼、电信楼、财贸金融楼、商住楼、图书馆、书库。 （2）省级以下的邮政楼、防灾指挥调度楼、广播电视楼、电力调度楼。 （3）建筑高度不超过 50m 的教学楼和普通的旅馆、办公楼、科研楼、档案楼等

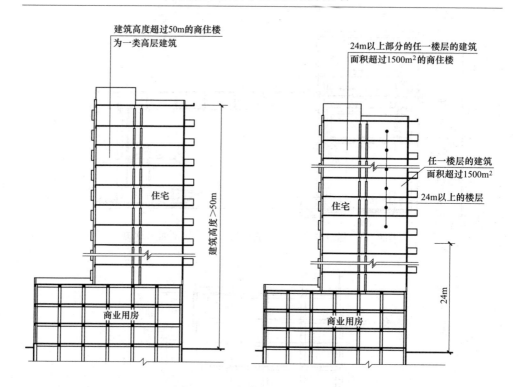

图 3-22　一类商住楼剖面示意图

第二节　总平面和平面布局

一、一般规定

1. 防火间距

（1）在总平面布局中，应合理确定建筑的位置、防火间距、消防车道和消防水源等，不宜将民用建筑布置在甲、乙类厂（库）房，甲、乙、丙类液体储罐，可燃气体储罐和可燃材料堆场的附近。

（2）民用建筑之间的防火间距不应小于表 3-3 的规定（见图 3-23）。

表 3-3　　　　　　　　　民用建筑之间的防火间距　　　　　　　　（m）

建筑类别		高层民用建筑	裙房和其他民用建筑		
		一、二级	一、二级	一、二级	一、二级
高层民用建筑	一、二级	13	9	11	14

续表

建筑类别		高层民用建筑	裙房和其他民用建筑		
		一、二级	一、二级	一、二级	一、二级
裙房和其他民用建筑	一、二级	9	6	7	9
	三级	11	7	8	10
	四级	14	9	10	12

注 1. 相邻两座单、多层建筑，当相邻外墙为不燃性墙体且无外露的可燃性屋檐，每面外墙上无防火保护的门、窗、洞口不正对开设且该门、窗、洞口的面积之和不大于外墙面积的 5% 时，其防火间距可按本表的规定减少 25%，如图 3-24 所示。

2. 两座建筑相邻较高一面外墙为防火墙（见图 3-25），或高出相邻较低一座一、二级耐火等级建筑的屋面 15m 及以下范围的外墙为防火墙时，其防火间距不限，如图 3-26 所示。

3. 相邻两座高度相同的一、二级耐火等级建筑中相邻一侧外墙为防火墙，屋顶的耐火极限不低于 1.00h 时，其防火间距不限，如图 3-27 所示。

4. 相邻两座建筑中较低一座建筑的耐火等级不低于二级，相邻较低一面外墙为防火墙且屋顶无天窗、屋顶的耐火极限不低于 1.00h 时，其防火间距不应小于 3.5m；对于高层建筑，不应小于 4m，如图 3-28 所示。

5. 相邻两座建筑中较低一座建筑的耐火等级不低于二级且屋顶无天窗，相邻较高一面外墙高出较低一座建筑的屋面 15m 及以下范围内的开口部位设置甲级防火门、窗或设置符合现行国家标准《自动喷水灭火系统设计规范》（GB 50084）规定的防火分隔水幕或《建筑设计防火规范》第 6.5.3 条规定的防火卷帘时，其防火间距不应小于 3.5m；对于高层建筑，不应小于 4m，如图 3-29 所示。

6. 相邻建筑通过连廊、天桥或底部的建筑物等连接时，其间距不应小于本表的规定，如图 3-30 所示。

7. 耐火等级低于四级的既有建筑，其耐火等级可按四级确定，如图 3-31 所示。

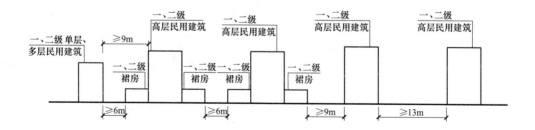

图 3-23 一、二级民用建筑之间的防火间距

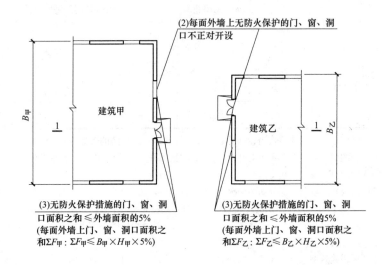

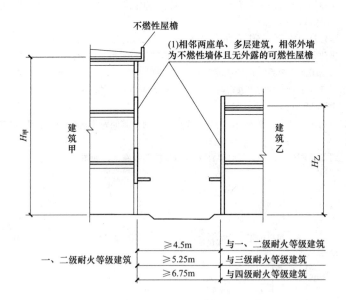

图 3-24　相邻两座单、多层建筑防火间距的要求

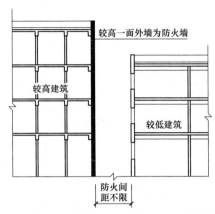

图 3-25 较高一面为防火墙的低、高建筑防火间距

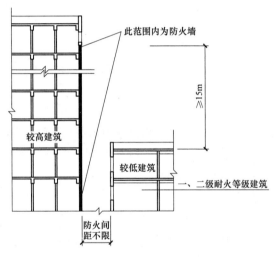

图 3-26 高建筑防火墙高于低建筑至少 15m 的防火间距

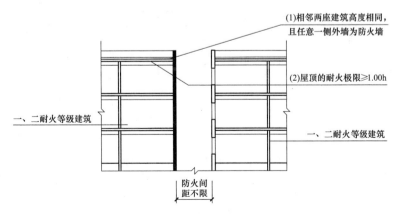

图 3-27 两座高度相同且任意一侧外防火墙的防火间距

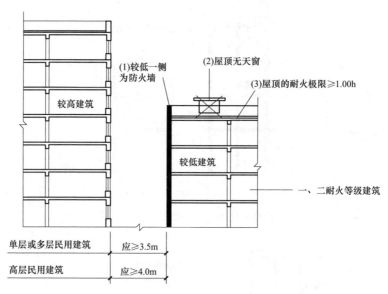

图 3-28　相邻高低两座建筑防火间距要求

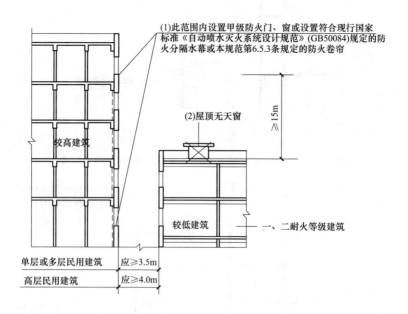

图 3-29　相邻高低两座建筑防火间距要求

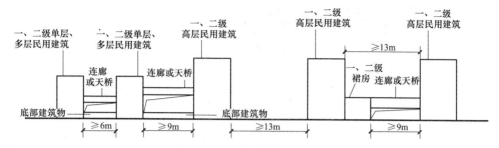

图 3-30 相邻建筑通过连廊、天桥或底部的建筑等相连接时的防火间距

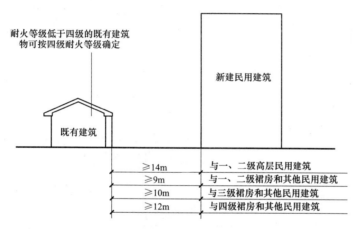

图 3-31 低于四级的既有建筑与新建民用建筑防火间距

（3）高层建筑之间及高层建筑与其他民用建筑之间的防火间距如表 3-4 和图 3-32 所示。

表 3-4 高层建筑之间及高层建筑与其他民用建筑之间的防火间距 （m）

建筑类别	高层建筑	裙房	其他民用建筑		
			耐火等级		
			一、二级	三级	四级
高层建筑	13	9	9	11	14
裙房	9	6	6	7	9

注 防火间距应按相邻建筑外墙的最近距离计算；当外墙有突出可燃构件时，应从其突出的部分外缘算起。

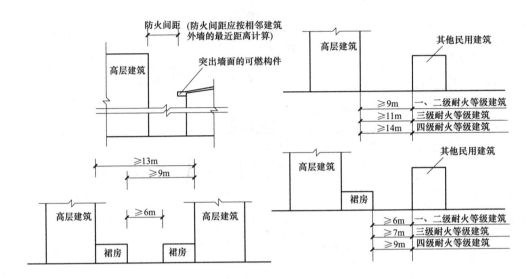

图 3-32　立面示意图

（4）高层建筑与小型甲、乙、丙类液体储罐、可燃气体储罐和化学易燃物品库房的防火间距见表 3-5。其立面示意图如图 3-33 所示。

表 3-5　　高层建筑与小型甲、乙、丙类液体储罐、可燃气体储罐和化学易燃物品库房的防火间距

名称和储量		防火间距/m	
		高层建筑	裙房
小型甲、乙液体储罐	<30m³	35	30
	30~60m³	40	35
小型丙类液体储罐	<150m³	35	30
	150~200m³	40	35
可燃气体储罐	<100m³	30	25
	100~500m³	35	30
化学易燃物品库房	<1t	30	25
	1~5t	35	30

　　注　1. 储罐的防火间距应从距建筑物最近的储罐外壁算起，如图 3-34 所示。

　　2. 当甲、乙、丙类液体储罐直埋时，本表的防火间距可减少 50%，如图 3-35 所示。

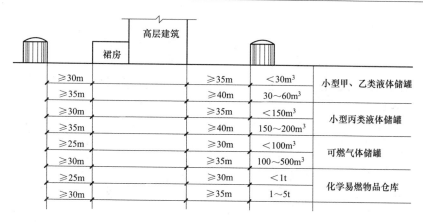

图 3-33 高层建筑与液气体储罐和易燃库房的防火间距立面示意图

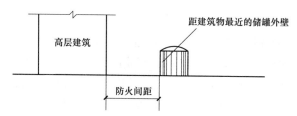

图 3-34 高层建筑和储罐外壁之间的防火间距立面示意图

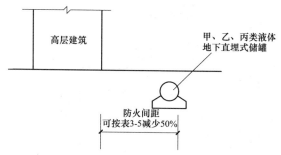

图 3-35 高层建筑和液体储罐防火间距立面示意图

（5）高层建筑与厂（库）房的防火间距如表 3-6 和图 3-36 所示。

表 3-6			高层建筑与厂（库）房的防火间距			（m）
厂（库）房			一类		二类	
			高层建筑	裙房	高层建筑	裙房
丙类	耐火等级	一、二级	20	15	15	13
		三、四级	25	20	20	15
丁类、戊类		一、二级	15	10	13	10
		三、四级	18	12	15	10

91

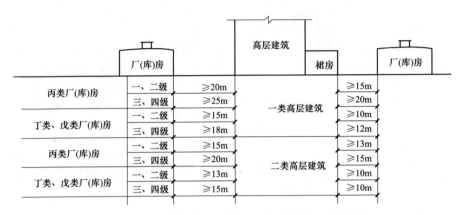

图 3-36　高层建筑和厂（库）房防火间距立面示意图

2. 消防车道

（1）街区内的道路应考虑消防车的通行，道路中心线间的距离不宜大于160m，如图 3-37 所示。当建筑物沿街道部分的长度大于 150m 或总长的大于220m 时，应设置穿过建筑物的消防车道，如图 3-38 所示。确有困难时，应设置环形消防车道，具体如表 3-7 和图 3-39 所示。

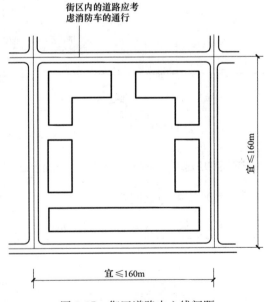

图 3-37　街区道路中心线间距

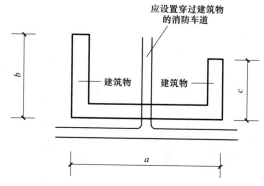

图 3-38 建筑物之间的消防车道设置

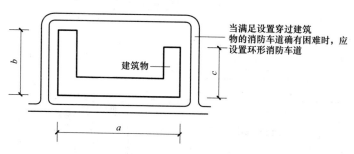

图 3-39 建筑物周围的环形消防车道设置

表 3-7 周围应设环形车道的建筑

建筑类型		设置要求
民用建筑	单、多层公共建筑	＞3000 座的体育馆
		＞2000 座的会堂
		占地面积＞3000m² 的商店建筑、展览建筑
	高层建筑	均应设置
厂房	单、多层	占地面积＞3000m² 的甲、乙、丙类厂房
	高层	均应设置
仓库		占地面积＞1500m² 的乙、丙类仓库

　　（2）高层民用建筑，超过 3000 个座位的体育馆，超过 2000 个座位的会堂，占地面积大于 3000m² 的商店建筑、展览建筑等单、多层公共建筑应设置环形消防车道，确有困难时，可沿建筑的两个长边设置消防车道，如图 3-40 所示。对于高层住宅建筑和山坡或河道边临空建造的高层民用建筑，可沿建筑的一个长边设置消防车道，但该长边所在建筑立面应为消防车登高操作面，如图 3-41

所示。

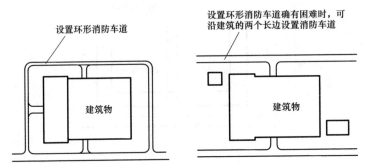

图 3-40　环形车道设置平面示意图（一）

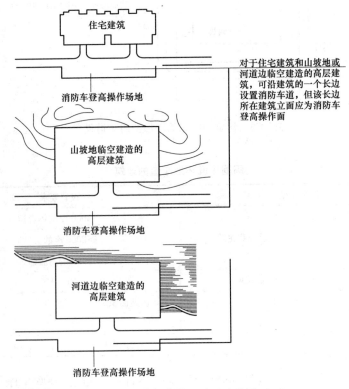

图 3-41　环形车道设置平面示意图（二）

　　（3）在穿过建筑物或进入建筑物内院的消防车道两侧，不应设置影响消防车通行或人员安全疏散的设施，如图 3-42 所示。

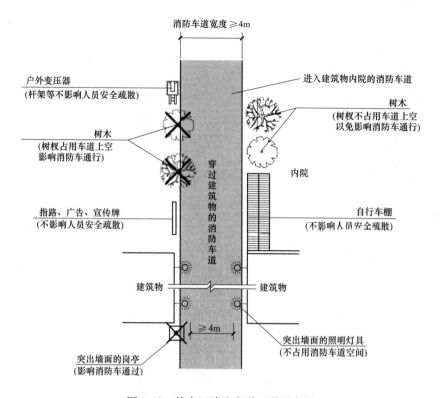

图 3-42 某小区消防车道正误示意图

注 左侧车道为错误示例，树木、突出墙面的岗亭影响消防车的通行；右侧车道为正确示例，树木等不影响消防车的通行。

（4）消防车道应符合以下要求（见图 3-43）。

1）车道的净宽度和净空高度均不应小于 4.0m。

2）转弯半径应满足消防车转弯的要求。

3）消防车道与建筑之间不应设置妨碍消防车操作的树木、架空管线等障碍物。

4）消防车道靠建筑外墙一侧的边缘距建筑外墙不宜小于 5m。

5）消防车道的坡度不宜大于 8％。

（5）环形消防车道至少应有两处与其他车道连通。尽头式消防车道应设置回车道或回车场，回车场的面积不应小于 12m×12m；对于高层建筑，不宜小于 15m×15m；供重型消防车使用时，不宜小于 18m×18m，如图 3-44 所示。

消防车道的路面、救援操作场地、消防车道和救援操作场地下面的管道和暗沟等，应能承受消防车的压力，如图 3-45 所示。

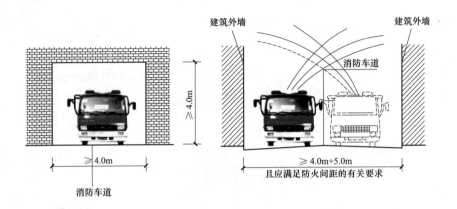

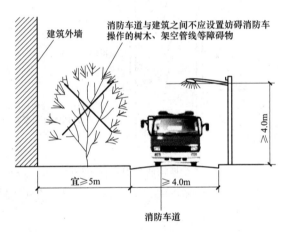

图 3-43　消防车道的要求

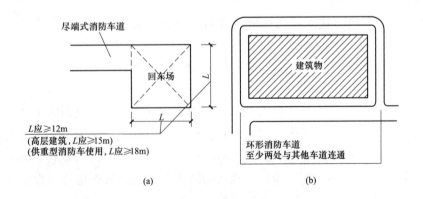

(a)

(b)

图 3-44　环形消防车道

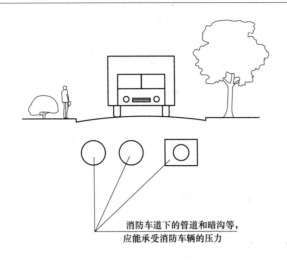

图 3-45　消防车道剖面示意图

　　消防车道可利用城乡、场区道路等,但该道路应满足消防车通行、转弯和停靠的要求。

　　(6) 高层建筑的周围,应设置环形车道,如图 3-46 (a) 所示。当设置环形车道有困难时,可沿高层建筑的两个长边设置消防车道,如图 3-46 (b) 所示。当建筑的沿街长度超过 150m 或总长度超过 220m 时,应在适中位置设置穿过建筑的消防车道,如图 3-46 (c) 所示。

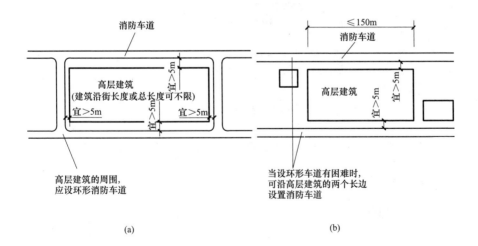

(a)　　　　　　　　　　　　　　　　(b)

图 3-46　环形消防车道 (一)

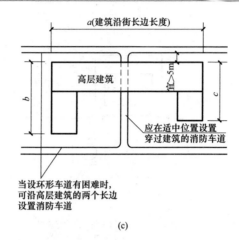

(c)

图 3-46　环形消防车道（二）

有封闭内院或天井的高层建筑沿街时，应设置连通街道和内院的人行通道（可利用楼梯间），其距离不宜超过 80m，如图 3-47 所示。

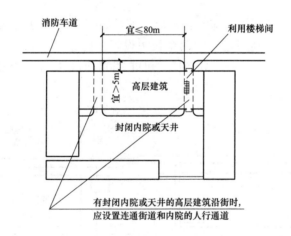

图 3-47　有封闭内院或天井的高层建筑沿街时消防车道的设置

二、防火间距设计

（一）常见问题一

1. 常见问题

两座高层建筑或高层建筑与不低于二级耐火等级的单层、多层民用建筑相邻时，较高一面外墙未设置全防火墙，如图 3-48 所示。

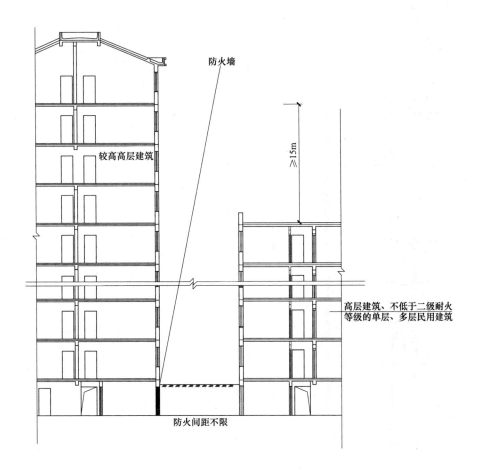

图 3-48 高低层建筑防火间距（错误案例）

2. 解决措施

依据《建筑设计防火规范》（GB 50016—2014），两座建筑相邻较高一面外墙为防火墙，或高出相邻较低一座一、二级耐火等级建筑的屋面 15m 及以下范围内的外墙为防火墙时，其防火间距不限，如图 3-49 所示。

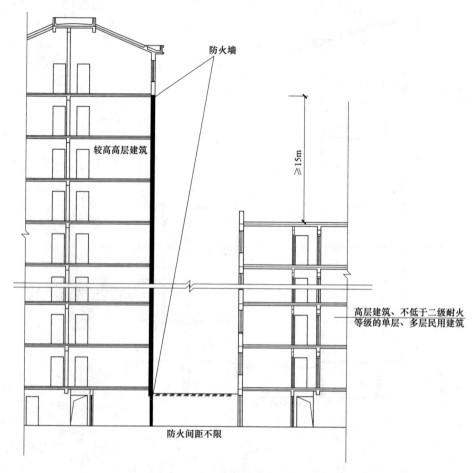

图 3-49　高低层建筑防火间距（正确案例）

（二）常见问题二

1. 常见问题

相邻两座建筑中较低一座建筑的耐火等级低于二级，如图 3-50 所示。

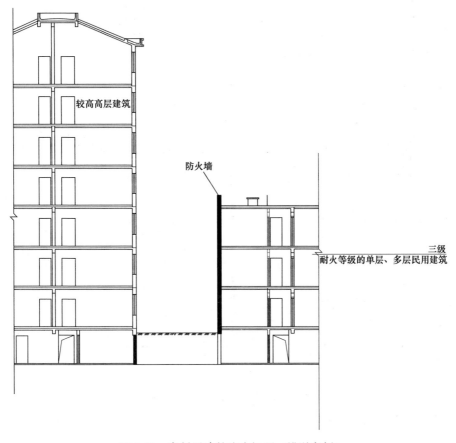

图 3-50 高低层建筑防火间距（错误案例）

2. 解决措施

依据《建筑设计防火规范》（GB 50016—2014），相邻两座建筑中较低一座建筑的耐火等级不低于二级，相邻较低一面外墙为防火墙且屋顶无天窗，屋面板的耐火极限不低于 1.00h 时，其防火间距不应小于 3.5m；对于高层建筑，不应小于 4m，如图 3-51 所示。

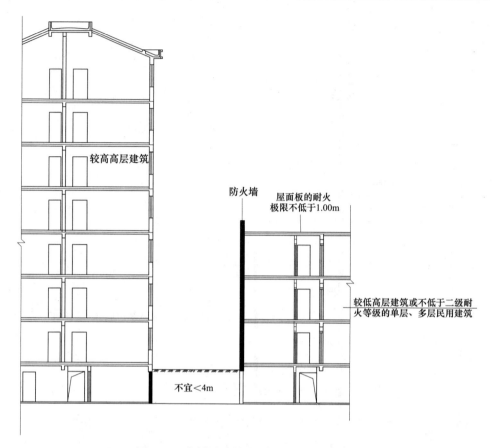

图 3-51 高低层建筑防火间距（正确案例）

（三）常见问题三

1. 常见问题

成组布置组内建筑物之间的间距小于规定值，如图 3-52 所示。

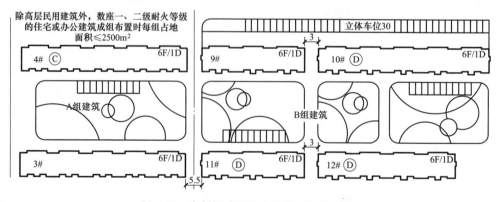

图 3-52 高低层建筑防火间距（错误案例）

2. 解决措施

依据《建筑设计防火规范》（GB 50016—2014），除高层民用建筑外，数座一、二级耐火等级的住宅建筑或办公建筑，当建筑物的占地面积总和不大于2500m²时，可成组布置，但组内建筑物之间的间距不宜小于4m，如图 3-53 所示。

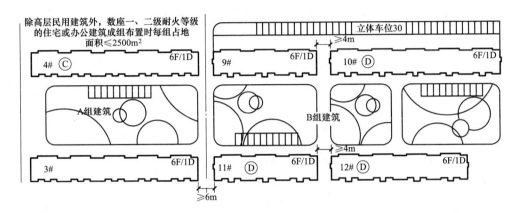

图 3-53　高低层建筑防火间距（正确案例）

（四）常见问题四

1. 常见问题

单独建造的燃油、燃气锅炉房与民用建筑（多层或高层）的防火间距不满足民用建筑之间的防火间距距离规定，如图 3-54 所示。

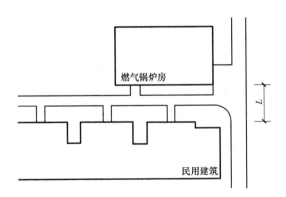

图 3-54　燃气锅炉房和民用建筑的防火间距（错误案例）

注　L 不满足防火要求。

2. 解决措施

依据《建筑设计防火规范》（GB 50016—2014），有以下要求。

（1）除本规范另有规定外，厂房之间及与乙、丙、丁、戊类仓库、民用建筑等的防火间距不应小于表 3-8 的规定，与甲类仓库的防火间距应符合本规范第 3.5.1 条的规定。

表 3-8　　厂房之间及与乙、丙、丁、戊类仓库、民用建筑等的防火间距　　（m）

名　　称			民用建筑	
			耐火等级	
			一、二级	三级
单层、多层丙、丁类厂房	耐火等级	一、二级	10.0	12.0
		三级	12.0	14.0

（2）民用建筑与燃油、燃气或燃煤锅炉房的防火间距应符合本规范第 3.1.4 条有关丁类厂房的规定，但与单台蒸汽锅炉的蒸发量不大于 4t/h 或单台热水锅炉的额定热功率不大于 2.8MW 的燃煤锅炉房的防火间距，可根据锅炉房的耐火等级按本规范第 5.2.2 条的规定设置。

三、消防车道设计

（一）常见问题一

1. 常见问题

（1）当建筑的沿街长度超过 150m 或总长度超过 220m 时，未在适中的位置设置穿过建筑的消防车道，如图 3-55 所示。

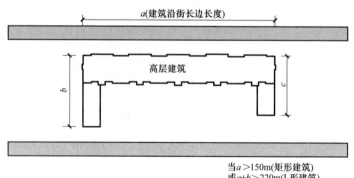

当 $a > 150$m(矩形建筑)
或 $a+b > 220$m(L形建筑)
或 $a+b+c > 220$m(U形建筑)

图 3-55　高层建筑消防车道设置（错误案例）

（2）有封闭内院或天井的高层建筑沿街时，未设置连通街道和内院的人行通道，如图 3-56 所示。

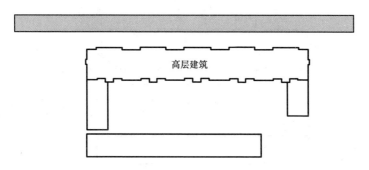

图 3-56 高层建筑消防车道设置（错误案例）

2. 解决措施

依据《建筑设计防火规范》（GB 50016—2014），有以下要求。

（1）当建筑额定沿街长度超过 150m 或总长度超过 220m 时，应在适当位置设置穿过建筑的消防车道，如图 3-57 所示。

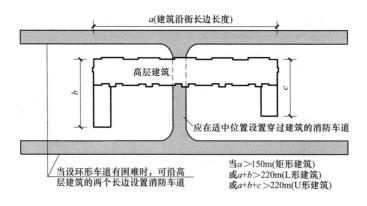

图 3-57 高层建筑消防车道设置（正确案例）

（2）有封闭内院或天井的高层建筑沿街时，应设置连通街道的人行通道（可利用楼梯间），其距离不宜超过 80m，如图 3-58 所示。

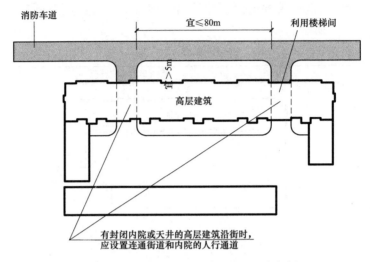

图 3-58 高层建筑消防车道设置（正确案例）

（二）常见问题二

1. 常见问题

高层建筑的内院或天井，当其短边超过 24m 时，未设进入内院或天井的消防车道，如图 3-59 所示。

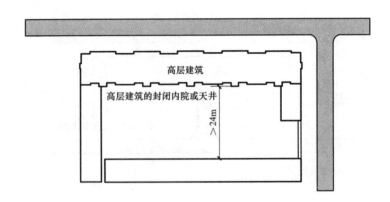

图 3-59 高层建筑消防车道设置（错误案例）

2. 解决措施

依据《建筑设计防火规范》（GB 50016—2014），高层建筑的内院或天井，当其短边长度超过 24m 时，宜设置进入内院或天井的消防车道，如图 3-60 所示。

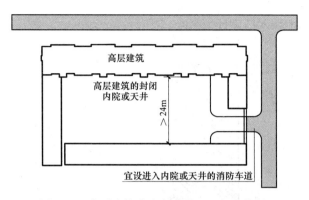

图 3-60　高层建筑消防车道设置（正确案例）

3. 设计提示

依据《建筑设计防火规范》（GB 50016—2014），有以下要求。

（1）消防车道的净宽度和净高度不应小于 4.00m，消防车道距高层建筑外墙宜大于 5.00m，如图 3-61 所示。

图 3-61　消防车道的宽度

（2）消防车道和高层建筑之间，不应设置妨碍登高消防车操作的树木、架空管线等，如图 3-62 所示。

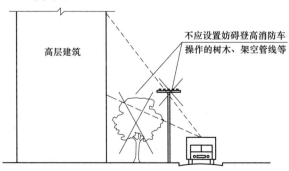

图 3-62　消防车道和高层建筑之间

四、救援场地和入口设计

1. 常见问题

未设置消防车登高场地，如图 3-63 所示。

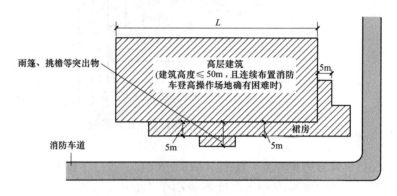

图 3-63　救援场地和入口（错误案例）

2. 解决措施

依据《建筑设计防火规范》（GB 50016—2014）有以下要求。

（1）高层建筑应至少沿一个长边长度的底边连续布置消防车登高操作场地，该范围内的裙房进深不应大于 4m，如图 3-64 所示。

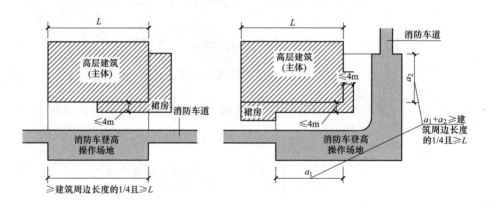

图 3-64　救援场地和入口（正确案例）

（2）建筑高度不大于 50m 的建筑，连续布置消防车登高操作场地确有困难时，可间隔布置，但间隔距离不宜大于 30m，且消防登高操作场地的总长度仍应符合上述规定，如图 3-65 所示。

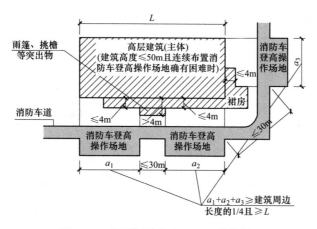

图 3-65 救援场地和入口（正确案例）

注 1. L 为高层建筑主体的一个长边长度，"建筑周边长度"应为高层建筑主体的周边长度。
   2. 消防车登高操作场地的有效计算长度（a_1、a_2、a_3···）应在高层建筑主体的对应范围内。

第三节 防火分区设计

一、民用建筑防火分区设计

1. 防火分区和层数

（1）除规范另有规定外，不同耐火等级建筑的允许建筑高度或层数、防火分区最大允许建筑面积如表 3-9 和图 3-66 所示。

表 3-9 不同耐火等级建筑的允许建筑高度或层数、防火分区最大允许建筑面积

名称	耐火等级	允许建筑高度或层数	防火分区的最大允许建筑面积/m²	备 注
高层民用建筑	一、二级	《建筑设计防火规范》5.1.1 条	1500	对于体育馆、剧场的观众厅，防火分区的最大允许建筑面积可适当增加
单、多层民用建筑	一、二级	《建筑设计防火规范》5.1.1 条	2500	——
	三级	5 层	1200	
	四级	2 层	600	
地下或半地下建筑（室）	一级	——	500	设备用房的防火分区最大允许建筑面积 1000m²

注 1. 表中规定的防火分区最大允许建筑面积，当建筑内设置自动灭火系统时，可按本表的规定增加 1.0 倍，如图 3-67 所示；局部设置时，防火分区的增加面积可按该局部面积的 1.0 倍计算，如图 3-68 所示。
   2. 裙房与高层建筑主体之间设置防火墙时，裙房的防火分区可按单、多层建筑的要求确定，如图 3-69 所示。

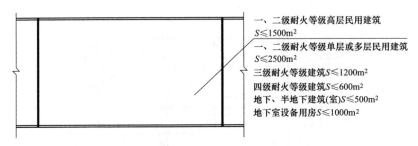

图 3-66 最大允许建筑面积 S 平面示意图

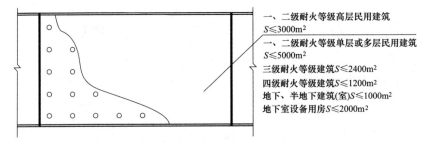

图 3-67 设置自动灭火系统时的最大允许建筑面积 S 平面示意图

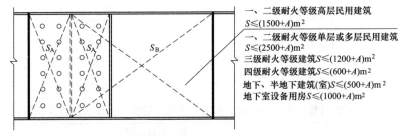

图 3-68 局部设置自动灭火系统（面积为 $2A$）时防火分区的最大允许建筑面积 S 平面示意图

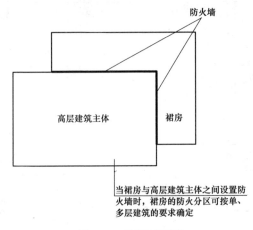

图 3-69 平面示意图

110

（2）建筑内设置自动扶梯、敞开楼梯等上、下层相连通的开口时，其防火分区的建筑面积应按上、下层相连通的建筑面积叠加计算；当叠加计算后的建筑面积大于第（1）条的规定时，应划分防火分区，如图 3-70 所示。

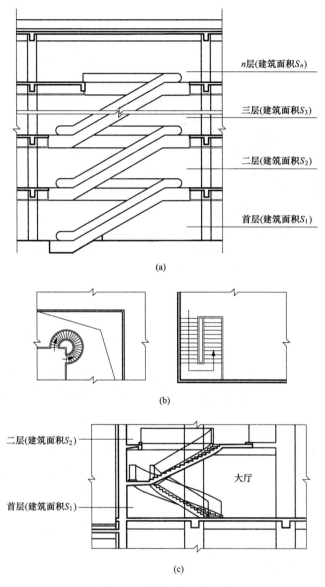

n层(建筑面积S_n)

三层(建筑面积S_3)

二层(建筑面积S_2)

首层(建筑面积S_1)

(a)

(b)

二层(建筑面积S_2)

大厅

首层(建筑面积S_1)

(c)

图 3-70　敞开楼梯示意图

注　以自动扶梯为例，其防火区面积 S 应按上、下层相连通面积叠加计算，即 $S = S_1 + S_2 + \cdots + S_n$，当叠加计算后的建筑面积大于《建筑设计防火规范》（GB 50016—2014）第 5.3.1 条的规定时，应划分防火分区。

建筑内设置中庭时，其防火分区的建筑面积应按上、下层相连通的建筑面积叠加计算；当叠加计算后的建筑面积大于（1）条的规定时，应符合以下规定（见图 3-71）。

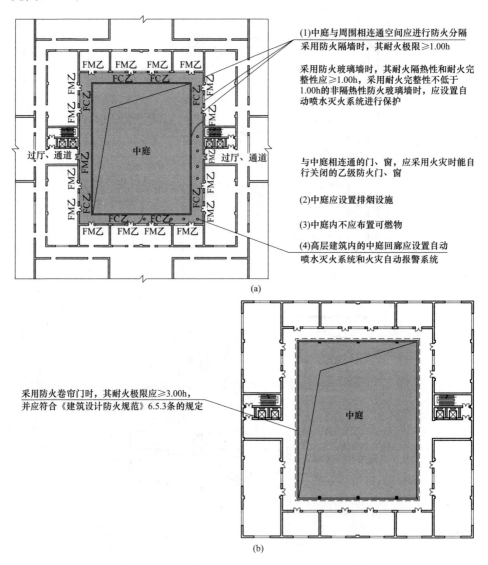

(1)中庭与周围相连通空间应进行防火分隔
采用防火隔墙时，其耐火极限≥1.00h

采用防火玻璃墙时，其耐火隔热性和耐火完整性应≥1.00h，采用耐火完整性不低于1.00h的非隔热性防火玻璃墙时，应设置自动喷水灭火系统进行保护

与中庭相连通的门、窗，采用火灾时能自行关闭的乙级防火门、窗

(2)中庭应设置排烟设施

(3)中庭内不应布置可燃物

(4)高层建筑内的中庭回廊应设置自动喷水灭火系统和火灾自动报警系统

采用防火卷帘门时，其耐火极限应≥3.00h，并应符合《建筑设计防火规范》6.5.3条的规定

图 3-71　中庭连通面积之和大于最大允许防火分区面积时，应采用的四项措施

1）与周围连通空间应进行防火分隔：采用防火隔墙时，其耐火极限不应低于 1.00h；采用防火玻璃墙时，其耐火隔热性和耐火完整性不应低于 1.00h，采用耐火完整性不低于 1.00h 的非隔热性防火玻璃墙时，应设置自动喷水灭火系统进行保护；采用防火卷帘时，其耐火极限不应低于 3.00h，并应符合《建筑设

计防火规范》（GB 50016—2014）第 6.5.3 条规定；与中庭相连通的门、窗，应采用火灾时能自行关闭的甲级防火门、窗。

2）高层建筑内的中庭回廊应设置自动喷水灭火系统和火灾自动报警系统。

3）中庭应设置排烟设施。

4）中庭内不应布置可燃物。

2. 平面布置

（1）民用建筑的平面布置应结合建筑的耐火等级、火灾危险性、使用功能和安全疏散等因素合理布置。

（2）除商业服务网点外，住宅建筑与其他使用功能的建筑合建时，应符合以下规定（见图 3-72）。

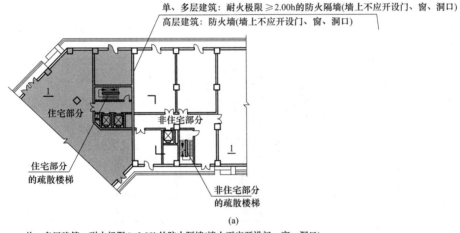

(a)

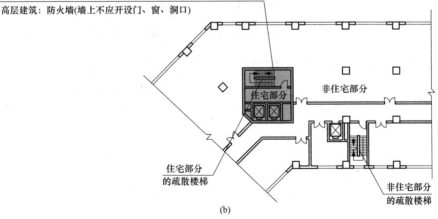

(b)

图 3-72　住宅建筑与其他使用功能的建筑合建（一）

（a）住宅建筑与其他使用功能的建筑合建首层平面示意图；

（b）住宅建筑与其他使用功能的建筑和建非住宅部分平面示意图

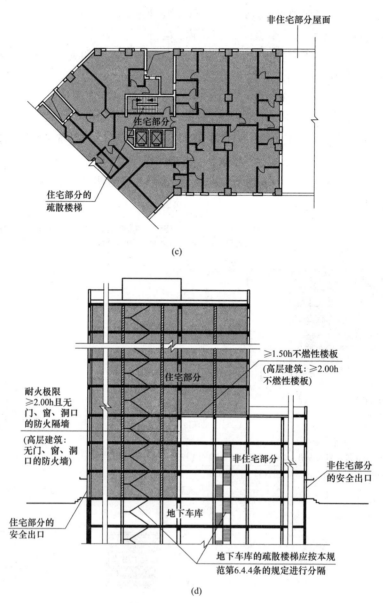

图 3-72 住宅建筑与其他使用功能的建筑合建（二）

（c）住宅建筑与其他使用功能的建筑合建住宅部分平面示意图；（d）1-1 剖面图

1）住宅部分与非住宅部分之间，应采用耐火极限不低于 2.00h 且无门、窗、洞口的防火隔墙和 1.50h 的不燃性楼板完全分隔；当为高层建筑时，应采用无门、窗、洞口的防火墙和耐火极限不低于 2.00h 的不燃性楼板完全分隔。建筑外墙上、下层开口之间的防火措施应符合《建筑设计防火规范》（GB

50016—2014）第6.2.5条的规定。

2）住宅部分与非住宅部分的安全出口和疏散楼梯应分别独立设置；为住宅部分服务的地上车库应设置独立的疏散楼梯或安全处口，地下车库的疏散楼梯应按《建筑设计防火规范》第6.4.4条的规定进行分隔。

3）住宅部分和非住宅部分的安全疏散、防火分区和室内消防设施配置，可根据各自的建筑高度分别按照《建筑设计防火规范》GB 50016—2014有关住宅建筑和公共建筑的规定执行；该建筑的其他防火设计应根据建筑的总高度和建筑规模按照《建筑设计防火规范》（GB 50016—2014）有关公共建筑的规定执行。

（3）设置商业服务网点的住宅建筑，其居住部分与商业服务网点之间应采用耐火极限不低于2.00h且无门、窗、洞口的防火隔墙和1.50h的不燃性楼板完全分隔，住宅部分和商业服务网点部分的安全出口和疏散楼梯应分别独立设置，如图3-73所示。

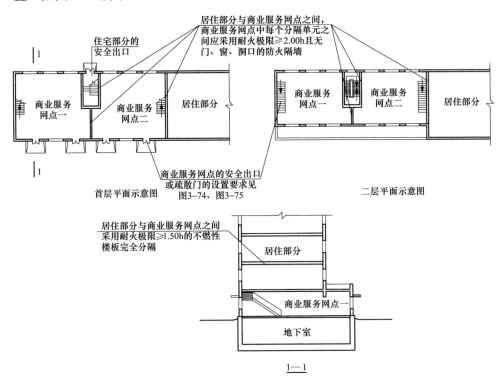

图3-73 首层及二层为商业服务网点的住宅建筑

注 1. 商业服务网点应设置在住宅建筑的首层或首层及二层。

2. 商业服务网点每个分隔单元的建筑面积应≤300m²。

3. 商业服务网点应为商店、邮政所、储蓄所、理发店等小型营业性用房。

商业服务网点中每个分隔单元之间应采用耐火极限不低于2.00h且无门、窗、洞口的防火隔墙相互分隔。当每个分隔单元每层的建筑面积大于200m²时，该分隔单元每层均应设置两个安全出口或疏散门。每个分隔单元内的任一点至最近直通室外的出口直线距离不应大于《建筑设计防火规范》（GB 50016—2014）第5.5.17条表5.5.17中有关多层其他建筑位于袋形走道两侧或尽端的疏散门至最近安全出口的最大直线距离，如图3-74和图3-75所示。室内楼梯的距离可按其水平投影长度的1.50倍计算。

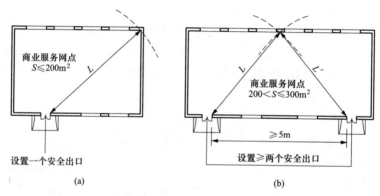

图3-74 商业服务网点在首层的安全疏散平面示意图

（a）平面示意图一；（b）平面示意图二

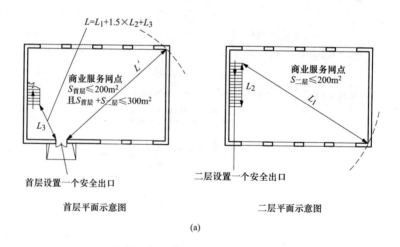

图3-75 商业服务网点在一、二层的平面示意图（一）

（a）平面示意图一

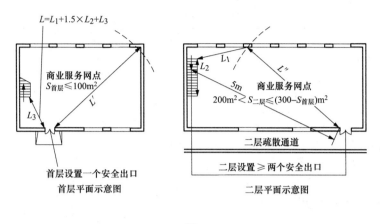

(b)

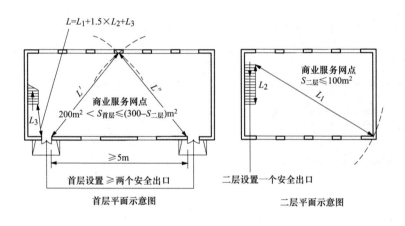

(c)

图 3-75　商业服务网点在一、二层的平面示意图（二）

（b）平面示意图二；（c）平面示意图三

注　1. L（L'、L''）为商业服务网点中每个分隔单元内的任一点至最近直通室外的出口的直线距离，此距离不应大于《建筑设计防火规范》（GB 50016—2014）第 5.5.17 条表 5.5.17 中有关多层其他建筑位于袋形走道两侧或尽端的疏散门至最近安全出口的最大直线距离。

2. 商业服务网点每个分隔单元的建筑面积应≤300m²，任意一层建筑面积>200m²时，该层应设置两个安全出口或疏散门。

3. 室内楼梯的距离可按其水平投影长度的 1.50 倍计算。

二、高层建筑防火分区设计

（1）高层建筑内应采用防火墙等划分防火分区，每个防火分区允许最大建筑面积参照表 3-10 和图 3-76 所示。

117

表 3-10 每个防火分区的允许最大建筑面积

建筑类别	每个防火分区建筑面积/m²
一类建筑	1000
二类建筑	1500
地下室	500

注 1. 设有自动灭火系统的防火分区，其允许最大建筑面积可按本表增加 1.00 倍；但局部设置自动灭火系统时，增加面积可按局部面积的 1.00 倍计算。

2. 一类建筑的电信楼，其防火分区允许最大建筑面积可按本表增加 50%。

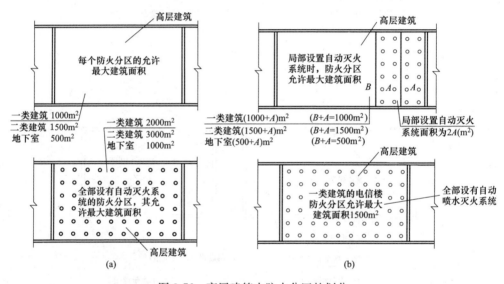

图 3-76 高层建筑内防火分区的划分

(a) 图示一；(b) 图示二

注 在单个防火分区最大允许面积中，若有 A 面积加设自动灭火系统（其他 B 面积不设自动灭火系统），则此防火分区可再增加面积 A（设自动灭火系统），最大允许防火分区面积扩大至 $B+2A$。

（2）当高层建筑与其裙房之间设有防火墙等防火分隔设施时，其裙房的防火分区允许最大建筑面积不应大于 2500m²，当设有自动喷水设施时，防火分区允许最大建筑面积可增加 1.00 倍，如图 3-77 所示。

（3）高层建筑内设有上下层连通的走廊、敞开楼梯、自动扶梯、传送带等开口部位时，应按上下连通层作为一个防火分区，其允许最大建筑面积之和不应超过《建筑设计防火规范》（GB 50016—2014）的规定。当上下开口部位设有耐火极限大于 3.00h 的防火卷帘或水幕等分隔设施时，其面积可不叠加计算，如图 3-78 所示。

（4）高层建筑中庭防火分区面积应按上、下连通的面积叠加计算，当超过一个防火分区面积时，应符合以下规定（见图 3-79）。

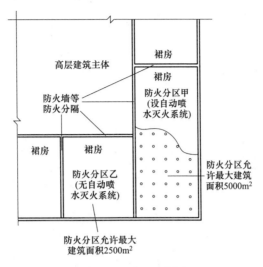

图 3-77 平面示意图

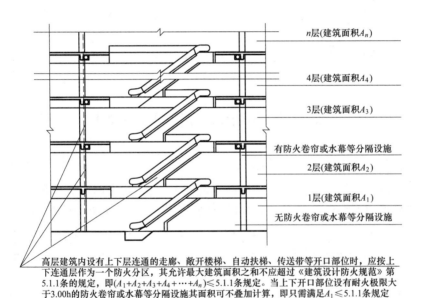

高层建筑内设有上下层连通的走廊、敞开楼梯、自动扶梯、传送带等开口部位时，应按上下连通层作为一个防火分区，其允许最大建筑面积之和不应超过《建筑设计防火规范》第5.1.1条的规定，即$(A_1+A_2+A_3+A_4+\cdots+A_n)\leqslant5.1.1$条规定。当上下开口部位设有耐火极限大于3.00h的防火卷帘或水幕等分隔设施其面积可不叠加计算，即只需满足$A_1\leqslant5.1.1$条规定

图 3-78 剖面示意图

1）房间与中庭回廊相通的门、窗，应设自行关闭的乙级防火门、窗。

2）与中庭相通的过厅、通道等，应设乙级防火门或耐火极限大于 3.00h 的防火卷帘分隔。

3）中庭每层回廊应设有自动喷水灭火系统。

4）中庭每层回廊应设火灾自动报警系统。

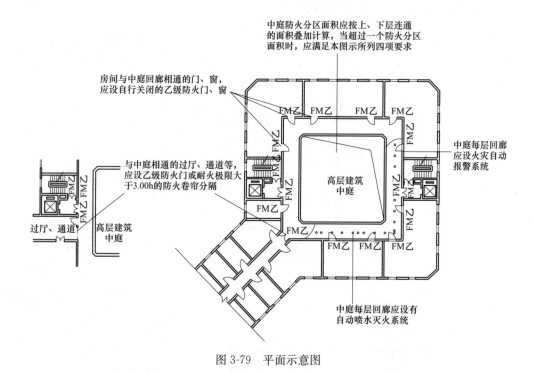

图 3-79　平面示意图

第四节　防烟分区和排烟设施设计

一、防烟分区设计

（1）设置排烟设施的走道、净高不超过 6.00m 的房间，应采用挡烟垂壁、隔墙或从顶棚下突出不小于 0.50m 的梁划分防烟分区，如图 3-80 所示。

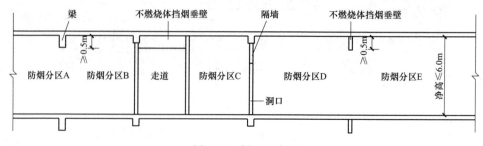

图 3-80　剖面示意图

（2）每个防烟分区的建筑面积不宜超过 500m²，且防烟分区不应跨过防火分区，如图 3-81 所示。

图 3-81　平面示意图

二、排烟设施设计

1. 一般规定

一类高层建筑和建筑高度超过 32m 的二类高层建筑的以下部位应设排烟设施。

（1）长度超过 20m 的内走道，如图 3-82 所示。

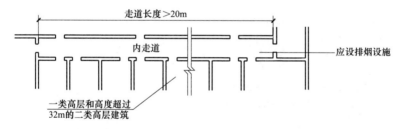

图 3-82　平面示意图

（2）面积超过 100m² ，且经常有人停留或可燃物较多的房间，如图 3-83 所示。

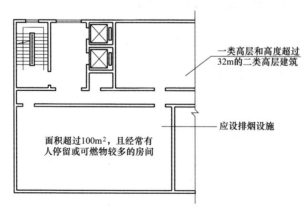

图 3-83　平面示意图

121

（3）高层建筑的中庭和经常有人停留或可燃物较多的地下室，如图 3-84 所示。

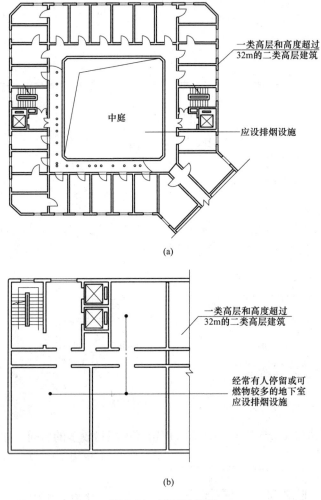

图 3-84　平面示意图

（a）平面示意图一；（b）平面示意图二

2. 自然排烟

采用自然排烟的开窗面积应符合以下规定：

（1）防烟楼梯间前室、消防电梯间前室可开启外窗面积不应小于 $2.00m^2$ （见图 3-85），合用前室不应小于 $3.00m^2$ （见图 3-86）。

（2）靠外墙的防烟楼梯间每五层内可开启外窗总面积之和不应小于 $2.00m^2$，如图 3-87 所示。

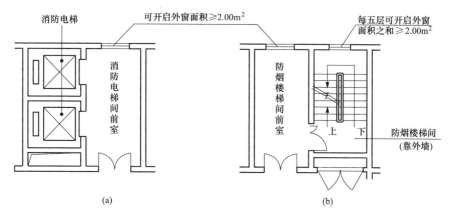

图 3-85 平面示意图

（a）平面示意图一；（b）平面示意图二

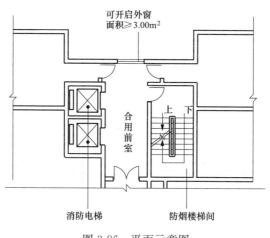

图 3-86 平面示意图

（3）长度不超过 60m 的内走道可开启外窗面积不应小于走道面积的 2%，如图 3-88 所示。

（4）需要排烟的房间可开启外窗面积不应小于该房间面积的 2%，如图 3-89 所示。

（5）净空高度小于 12m 的中庭可开启的天窗或高侧窗的面积不应小于该中庭地面积的 5%，如图 3-90 所示。

3. 机械排烟

（1）剪刀楼梯间可合用一个风道，其风量应按两个楼梯间风量计算，送风口应分别设置，如图 3-91 所示。

123

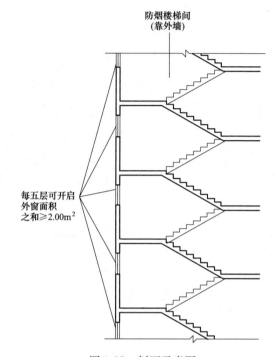

图 3-87　剖面示意图

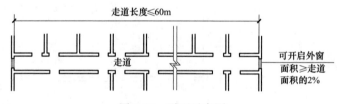

图 3-88　平面示意图

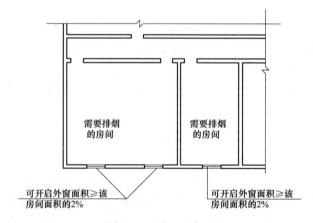

图 3-89　平面示意图

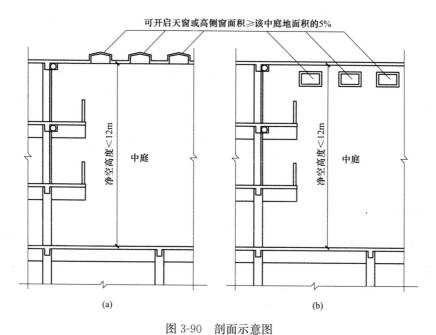

图 3-90 剖面示意图

（a）剖面示意图一；（b）剖面示意图二

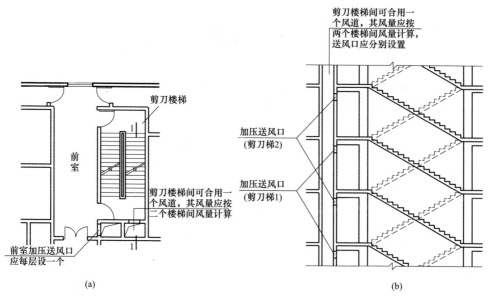

图 3-91 剪刀楼梯间送风口

（a）平面图；（b）剖面图

125

（2）楼梯间宜每隔 2～3 层设一个加压送风口；前室的加压送风口应每层设一个，如图 3-92 所示。

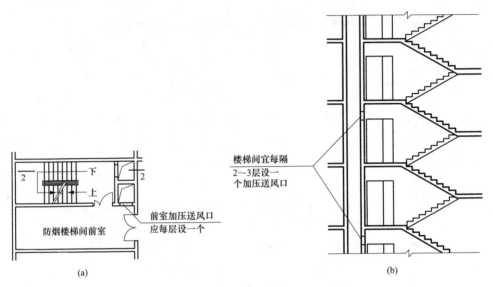

图 3-92　楼梯间送风口

（a）平面图；（b）剖面图

第五节　建筑构件设计

一、防火墙设计

（1）防火墙不宜设在 U、L 形等高层建筑的内转角处。当设在转角附近时，内转角两侧墙上的门、窗、洞口之间最近边缘的水平距离不应小于 4.00m（见图 3-93）；当相邻一侧装有固定乙级防火窗时，距离可不限（见图 3-94）。

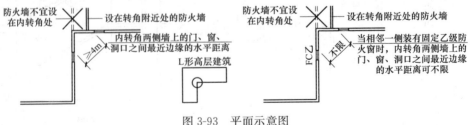

图 3-93　平面示意图

（2）紧靠防火墙两侧的门、窗、洞口之间最近边缘的水平距离不应小于 2.00m（见图 3-95）；当水平间距小于 2.00m 时，应设置固定乙级防火门、窗（见图 3-96）。

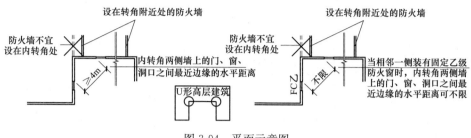

图 3-94 平面示意图

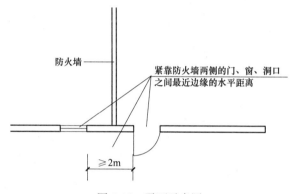

图 3-95 平面示意图

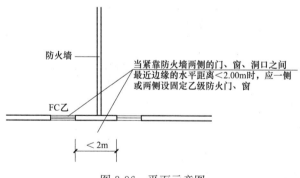

图 3-96 平面示意图

（3）防火墙上不应开设门、窗、洞口（见图 3-97），当必须开设时，应设置能自行关闭的甲级防火门、窗（见图 3-98）。

二、隔墙与楼板设计

高层建筑内的隔墙应砌至梁板底部，且不宜留有缝隙，如图 3-99 所示。

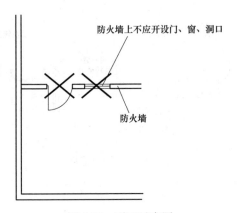

图 3-97　平面示意图

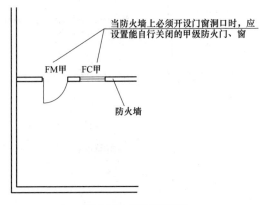

图 3-98　平面示意图

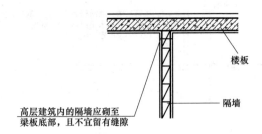

图 3-99　剖面示意图

三、电梯井、管道井设计

（1）电缆井、管道井、排烟道、排气道、垃圾道等竖向管道井，应分别独立设置；其井壁应为耐火极限不低于 1.00h 的不燃烧体；井壁上的检查门应采用丙级防火门，如图 3-100 所示。

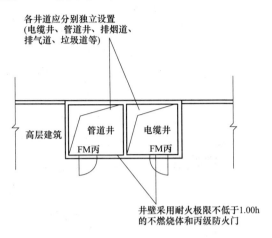

图 3-100 平面示意图

（2）建筑高度不超过 100m 的高层建筑，其电缆井、管道井应每隔 2～3 层在楼板处用相当于楼板耐火极限的不燃烧体作防火分隔（见图 3-101）；建筑高度超过 100m 的高层建筑，应在每层楼板处用相当于楼板耐火极限的不燃烧体作防火分隔（见图 3-102）。

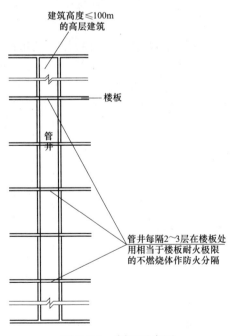

图 3-101 剖面示意图

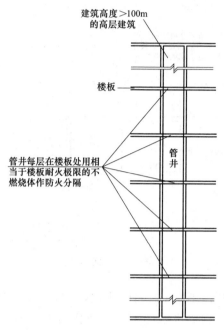

图 3-102　剖面示意图

　　电缆井、管道井与房间、走道等相连通的孔洞，其空隙应采用不燃烧材料填塞密实，如图 3-103 所示。

　　(3) 垃圾道宜靠外墙设置，不应设在楼梯间内，如图 3-104 所示。垃圾道的排气口应直接开向室外。垃圾斗宜设在垃圾道前室内，该前室应采用丙级防火门。垃圾斗应采用不燃烧材料制作，并能自行关闭，如图 3-105 所示。

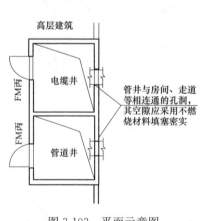

图 3-103　平面示意图

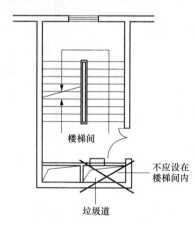

图 3-104　平面示意图

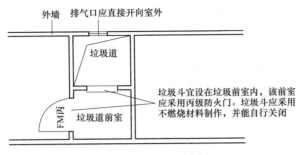

图 3-105 平面示意图

四、防火门、窗设计

（1）防火门应为向疏散方向开启的平开门，并在关闭后能从一侧手动开启。用于疏散的走道、楼梯间和前室的防火门，应具有自行关闭的功能。双扇和多扇防火门，应具有按顺序关闭的功能。常开的防火门，当发生火灾时，应具有自行关闭的信号反馈功能，如图 3-106 所示。

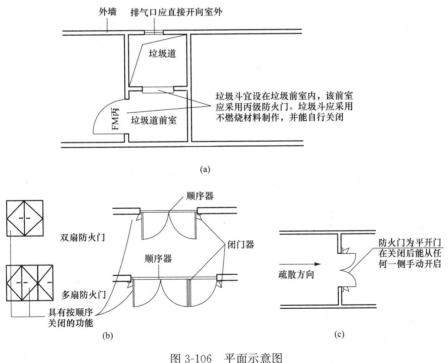

图 3-106 平面示意图

（a）图示一；（b）图示二；（c）图示三

（2）防火门、防火窗应划分为甲、乙、丙三级，其耐火极限：甲级应为

1.20h；乙级应为 0.90h；丙级应为 0.60h，如图 3-107 所示。

图 3-107　防火门、防火窗耐火极限的划分

（3）设在变形缝处附近的防火门，应设在楼层数较多的一侧，且门开启后不应跨越变形缝，如图 3-108 所示。

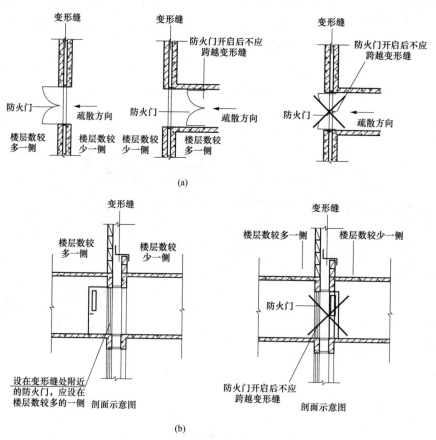

图 3-108　变形缝处附近的防火门

（a）平面示意图；（b）剖面图

第六节 安全疏散设计

一、一般要求

（1）民用建筑应根据其建筑高度、规模、使用功能和耐火等级等因素合理布置安全疏散和避难设施。安全出口和疏散门的位置、数量、宽度及疏散楼梯间的形式，应满足人员安全疏散的要求。

（2）建筑内的安全出口和疏散门应分散布置，且建筑内每个防火分区或一个防火分区的每个楼层、每个住宅单元每层相邻两个安全出口以及每个房间相邻两个疏散门最近边缘之间的水平距离不应小于 5m，如图 3-109～图 3-112 所示。

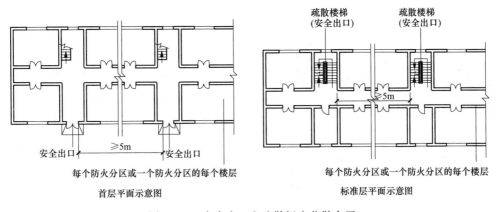

每个防火分区或一个防火分区的每个楼层

首层平面示意图

每个防火分区或一个防火分区的每个楼层

标准层平面示意图

图 3-109 安全出口和疏散门应分散布置

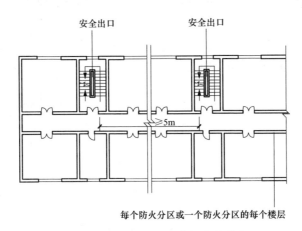

每个防火分区或一个防火分区的每个楼层

图 3-110 安全出口和疏散门应分散布置

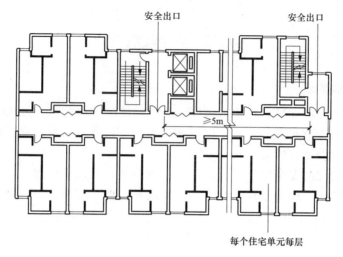

图 3-111　住宅单元标准层平面示意图

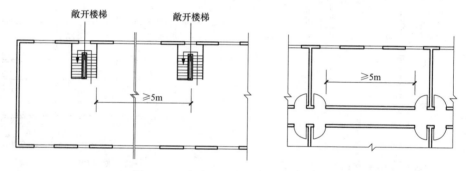

图 3-112　安全出口和疏散门应分散布置

（3）建筑的楼梯间宜通至屋面，通向屋面的门或窗应向外开启，如图 3-113 所示。

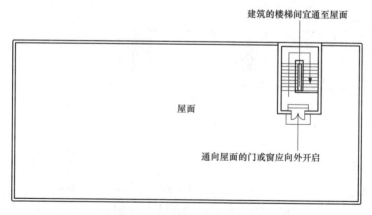

图 3-113　屋顶平面示意图

（4）自动扶梯和电梯不应计作安全疏散设施，如图 3-114 所示。

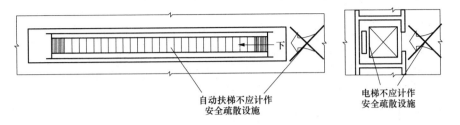

自动扶梯不应计作安全疏散设施

电梯不应计作安全疏散设施

图 3-114 平面示意图

（5）高层建筑直通室外的安全出口上方，应设置挑出宽度不小于 1.0m 的防护挑檐，如图 3-115 所示。

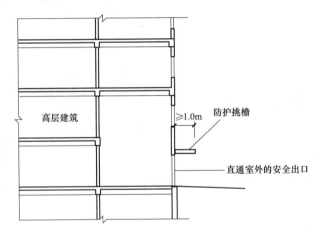

图 3-115 剖面示意图

二、安全出口设计

1. 住宅建筑安全出口

（1）建筑高度不大于 27m 的建筑，当每个单元任一层的建筑面积大于 650m²，或任一户门至最近安全出口的距离大于 15m 时，每个单元每层的安全出口不应少于 2 个，如图 3-116 所示。

（2）建筑高度大于 27m、不大于 54m 的建筑，当每个单元任一层的建筑面积大于 650m²，或任一户门至最近安全出口的距离大于 10m 时，每个单元每层的安全出口不应少于 2 个，如图 3-117 所示。

（3）建筑高度大于 54m 的建筑，每个单元每层的安全出口不应少于 2 个，如图 3-118 所示。

135

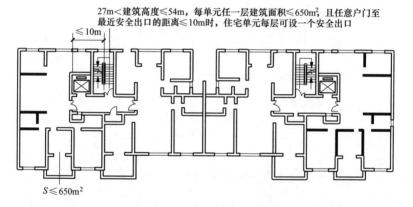

建筑高度≤27m，每单元任一层建筑面积≤650m²，且任意户门至
最近安全出口的距离≤15m时，住宅单元每层可设一个安全出口

≤15m

S≤650m²

图 3-116　建筑高度≤27m 的住宅建筑平面示意图

27m＜建筑高度≤54m，每单元任一层建筑面积≤650m²，且任意户门至
最近安全出口的距离≤10m时，住宅单元每层可设一个安全出口

≤10m

S≤650m²

图 3-117　27m＜建筑高度≤54m 的住宅建筑平面示意图

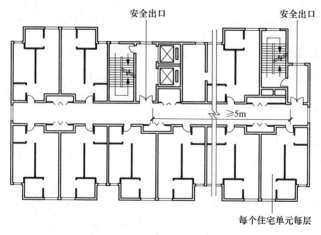

安全出口　　　　　　　安全出口

≥5m

每个住宅单元每层

图 3-118　建筑高度＞54m 的住宅建筑平面示意图

2. 高层建筑安全出口

高层建筑每个防火分区的安全出口不应少于两个，如图 3-119 所示。但符合以下条件之一的，可设一个安全出口。

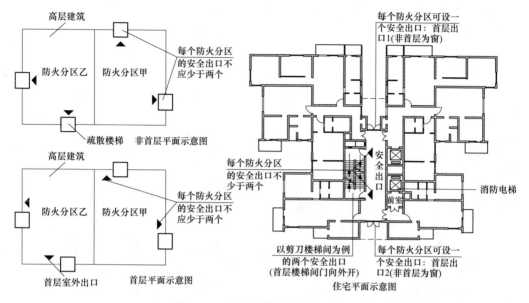

图 3-119 高层建筑的安全出口设置

（1）18 层及 18 层以下，每层不超过 8 户、建筑面积不超过 650m²，且设有一座防烟楼梯间和消防电梯的塔式住宅，如图 3-120 所示。

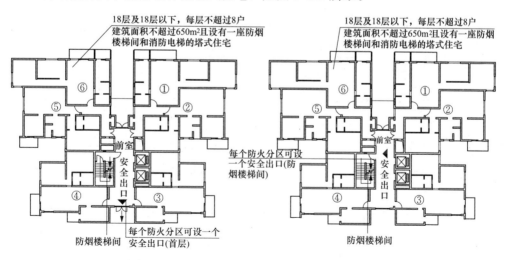

图 3-120 18 层及 18 层以下建筑的安全出口设置

（2）18 层及 18 层以下每个单元设有一座通向屋顶的疏散楼梯，单元之间的楼梯通过屋顶连通，单元与单元之间设有防火墙，户门为甲级防火门，窗槛墙高度大于 1.2m 且为不燃烧体墙的单元式住宅；超过 18 层，每个单元设有一座通向屋顶的疏散楼梯，18 层以上部分每层相邻单元楼梯通过阳台或凹廊连通（屋顶可以不连通），18 层及 18 层以下部分单元与单元之间设有防火墙，且户门为甲级防火门，窗间墙宽度、窗槛墙高度大于 1.2m 且为不燃烧体墙的单元式住宅，如图 3-121～图 3-124 所示。

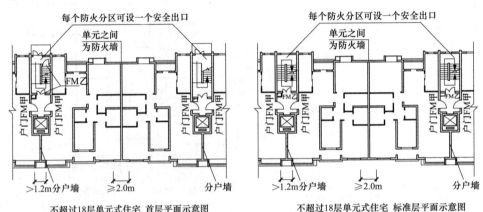

不超过 18 层单元式住宅 首层平面示意图
超过 18 层单元式住宅 首层平面示意图

不超过 18 层单元式住宅 标准层平面示意图
超过 18 层单元式住宅 2～18 层平面示意图

图 3-121　18 层及 18 层以下建筑的安全出口设置

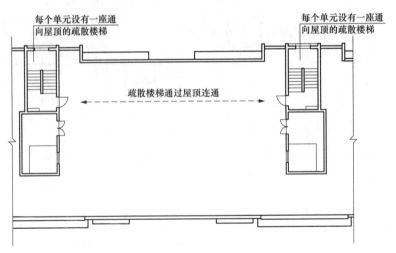

图 3-122　超过 18 层单元式住宅屋顶平面示意图

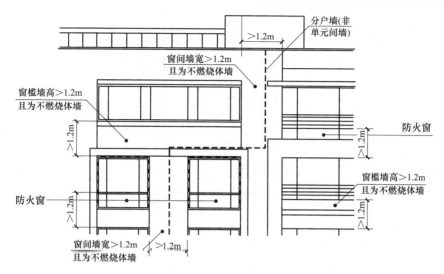

图 3-123 不超过 18 层单元式住宅立面示意图

对于采取一定措施的 18 层及 18 层以下的单元式住宅也允许设置一个安全出口；超过十八层的单元式住宅 18 层及 18 层以下八分采取同样的措施，18 层以上部分每层通过阳台或凹廊连通相邻单元的楼梯同样允许设置一个安全出口。

三、疏散距离设计

1. 高层建筑

（1）高层建筑的安全出口应分散布置，两个安全出口之间的距离不小于 5.00m，如图 3-125 所示。

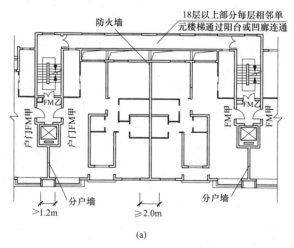

(a)

图 3-124 超过 18 层单元式住宅（一）

（a）18 层以上平面示意图

139

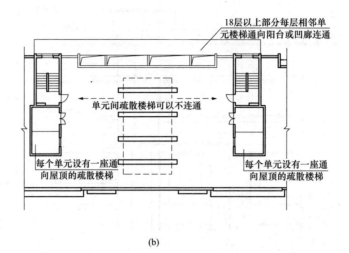

(b)

图 3-124　超过十八层单元式住宅（二）

（b）屋顶平面示意图

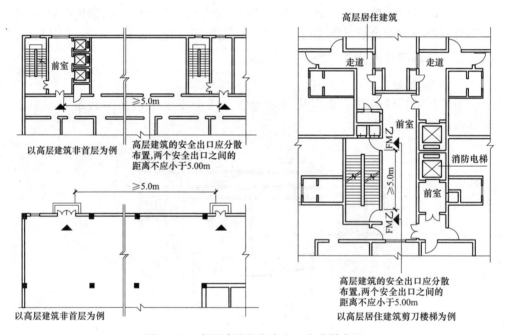

图 3-125　高层建筑的安全出口应分散布置

（2）高层建筑的安全疏散距离应符合表 3-11 和图 3-126 所示要求。

表 3-11 **高层建筑的安全疏散距离**

高层建筑		房间门或住宅户门至最近的外部出口或楼梯间的最大距离/m	
		位于两个安全出口之间的房间	位于袋形走道两侧或近端的房间
医院	病房部分	24	12
	其他部分	30	15
旅馆、展览楼、教学楼		30	15
其他		40	20

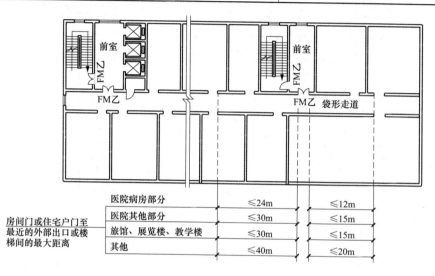

图 3-126 平面示意图

2. 住宅建筑

住宅建筑设计的安全疏散距离应符合以下规定。

（1）直通疏散走道的户门最近安全出口的直线距离不应大于表 3-12 的规定。

表 3-12 **直通疏散走道的户门最近安全出口的直线距离**

建筑类别		单、多层	高层
位于两个安全出口之间的户门	一、二级	40	40
	三级	35	—
	四级	25	—
位于袋形走道两侧或尽端的户门	一、二级	22	20
	三级	20	—
	四级	15	—

注 1. 开向敞开式外廊的户门至最近安全出口的最大直线距离可按本表的规定增加 5m，如图 3-127 所示。

2. 直通疏散走道的户门至最近敞开楼梯间的直线距离，当户门位于两个楼梯之间时，应按本表的规定减少 5m；当户门位于袋形走道两侧或尽端时，应按本表的规定减少 2m，如图 3-128 所示。

3. 住宅建筑内全部设置自动喷水灭火系统时，其安全疏散距离可按本表及其注 1 的规定增加 25%，如图 3-127、图 3-128 所示。

4. 跃廊式住宅户门至最近安全出口的距离，应从户门算起，小楼梯的一段距离可按其水平投影长度的 1.50 倍算起，如图 3-129 所示。

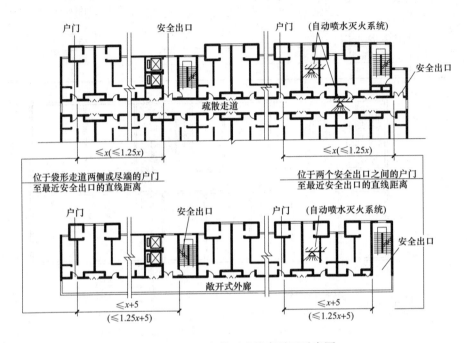

图 3-127　开向敞开式外廊平面示意图

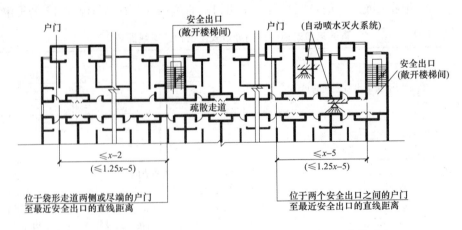

图 3-128　直通疏散走道的户门至最近敞开楼梯间的直线距离

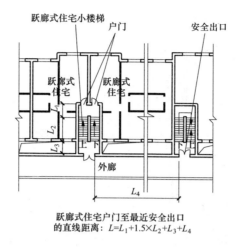

跃廊式住宅户门至最近安全出口
的直线距离：$L=L_1+1.5\times L_2+L_3+L_4$

图 3-129　跃廊式住宅户平面示意图

（2）楼梯间应在首层直通室外，或在首层采用扩大的封闭楼梯间或防烟楼梯间前室。层数不超过四层时，可将直通室外的门设置在离楼梯间不大于 15m 处，如图 3-130 所示。

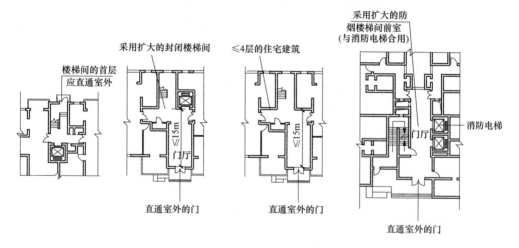

图 3-130　层数低于四层时，直通室外门的设置

（3）袋形走道两侧或尽端的疏散门至最近安全出口的最大直线距离，如图 3-131 所示。跃层式住宅，户内楼梯的距离可按其楼梯段水平投影长度的 1.50 倍计算，如图 3-132 所示。

143

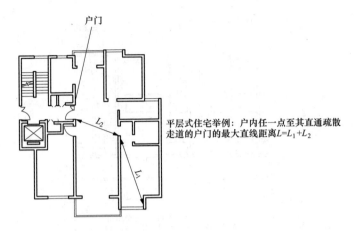

住宅建筑户内任一点至直通疏散走道的户门的直线距离

住宅建筑类别	户内任一点到户门的最大距离/m		
	一、二级	三级	四级
单、多层	22	20	15
高层	20	—	—

图 3-131 袋形走道两侧或尽端的疏散门至最近安全出口的最大直线距离

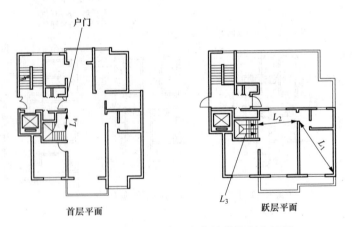

首层平面　　　　　　　　　跃层平面

图 3-132 跃层式住宅，户内楼梯的距离计算

跃层式住宅举例：户内任一点至其直通疏散走道的户门的最大直线距离

$$L = L_1 + L_2 + 1.5 \times L_3 + L_4 \cdots \text{（} L_3 \text{为户内楼梯梯段的水平投影长度）}$$

四、疏散宽度设计

1. 高层建筑

高层建筑内走道的净宽，应按通过人数每 100 人不小于 1.00m 计算；高层

建筑首层疏散外门的总宽度，应按人数最多的一层每100人不小于1.00m计算。首层疏散外门和走道的净宽见表3-13和图3-133所示。

表 3-13 首层疏散外门和走道的净宽 （m）

高层建筑	每个外户门的净宽	走道净宽	
		单面布房	双面布房
医院	1.30	1.40	1.50
居住建筑	1.10	1.20	1.30
其他	1.20	1.30	1.40

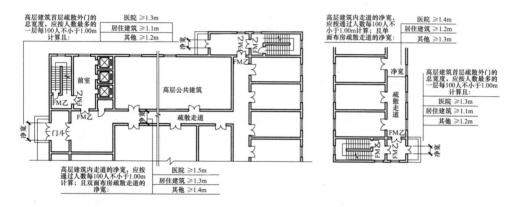

图 3-133 首层平面示意图

2. 住宅建筑

住宅建筑的户门、安全出口、疏散走道和疏散楼梯的各自总净宽度应经计算确定，且户门和安全出口的净宽度不应小于0.90m，疏散走道、疏散楼梯和首层疏散外门的净宽度不应小于1.10m。建筑高度不大于18m的住宅中一边设置栏杆的疏散楼梯，其净宽度不应小于1.0m，如图3-134所示。

五、疏散楼梯间和疏散楼梯设置

（一）设置要求

1. 住宅建筑的疏散楼梯设置

（1）建筑高度大于27m，但不大于54m的住宅建筑，每个单元设置一座疏散楼梯时，疏散楼梯应通至屋面，且单元之间的疏散楼梯应能通过屋面连通，户门应具有防烟性能，且其耐火完整性不应低于1.00h，如图3-135所示。当不能通至屋面或不能通过屋面连通时，应设置两个安全出口。

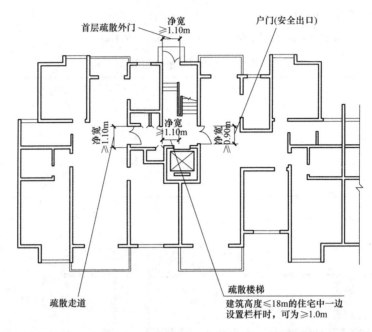

图 3-134　住宅建筑的户门、安全出口、疏散走道和疏散楼梯的各自总净宽

注　住宅建筑的户门、安全出口、疏散走道和疏散楼梯的各自总净宽度应经计算确定。

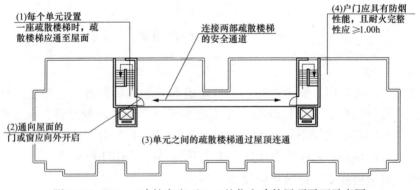

图 3-135　27m＜建筑高度≤54m 的住宅建筑屋顶平面示意图

（2）住宅建筑的疏散楼梯设置应符合以下规定。

1）建筑高度不大于 21m 的住宅建筑可采用敞开楼梯间；与电梯井相邻布置的疏散楼梯应采用封闭楼梯间（见图 3-136），当户门具有防烟且耐火完整性不低于 1.00h 时，仍可采用敞开楼梯间。

2）建筑高度大于 21m、不大于 33m 的住宅建筑应采用封闭楼梯间；当户门具有防烟性且耐火完整性不低于 1.00h 时，可采用敞开楼梯间，如图 3-137 所示。

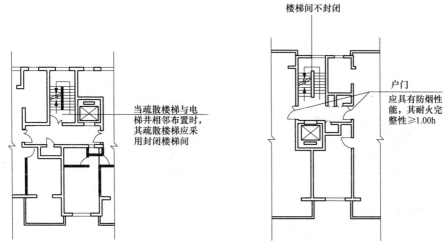

图 3-136　建筑高度≤21m 的住宅建筑　　　图 3-137　21m＜建筑高度≤33m 的住宅建筑

　　3）建筑高度大于 33m 的住宅建筑应采用防烟楼梯间。户门不宜直接开向前室，确有困难时，每层开向同一前室的户门不应大于 3 樘且门应具有防烟性能，其耐火完整性不低于 1.00h，如图 3-138 所示。

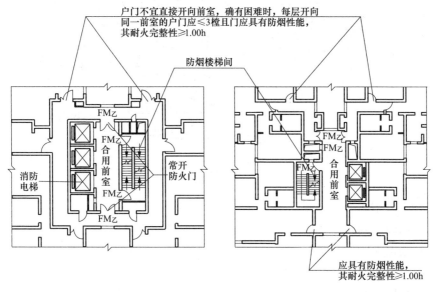

图 3-138　建筑高度＞33m 的住宅建筑

（3）住宅单元的疏散楼梯，当分散设置确有困难且任一户门至最近疏散楼梯间入口的距离不大于 10m 时，可采用剪刀楼梯间（见图 3-139），但应符合以下规定。

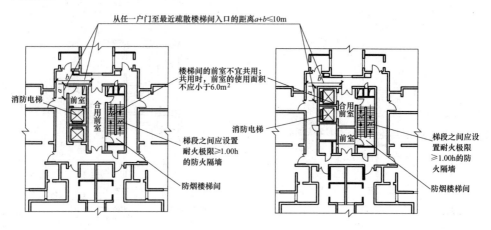

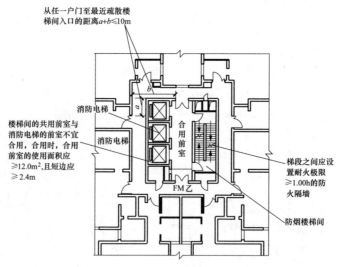

图 3-139　剪刀楼梯间

1）应采用防烟楼梯间。

2）梯段之间应设置耐火极限不低于 1.00h 的防火隔墙。

3）楼梯间的前室不宜共用；共用时，前室的使用面积不应小于 6.0m²。

4）楼梯间的前室或共用前室不宜与消防电梯的前室合用；楼梯间的共用前室与消防电梯的前室合用时，合用前室的面积不应小于 12.0m²，且短边不应小于 2.4m。

2. 塔式高层建筑

塔式高层建筑，两座疏散楼梯宜独立设置（见图 3-140）。当确有困难时，可设置剪刀楼梯，并应符合以下规定。

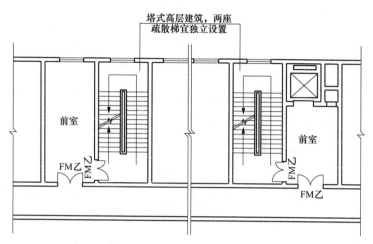

图 3-140　塔式高层建筑，两座疏散楼梯宜独立设置

（1）剪刀楼梯间应为防烟楼梯间。

（2）剪刀楼梯的梯段之间，应设置耐火极限不低于 1.00h 的不燃烧体墙分隔。

（3）剪刀楼梯应分别设置前室，如图 3-141 所示。塔式住宅确有困难时可设

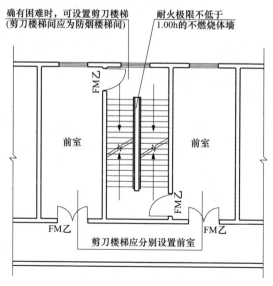

图 3-141　塔式高层平面示意图（以剪刀楼梯为例）

置一个前室，单两座楼梯应分别设加压送风系统，如图 3-142 所示。

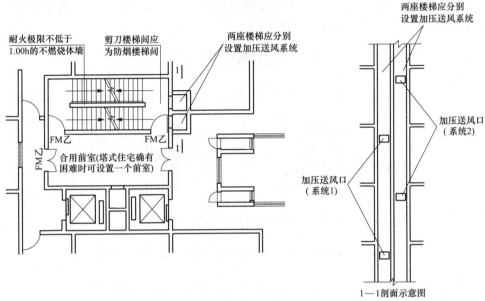

图 3-142　塔式高层住宅平面示意图（以剪刀楼梯合用前室为例）

（4）有少数设计在剪刀楼梯梯段之间不加任何分隔，也不设防烟楼梯间，还有一种与消防电梯合用的前室，两个楼梯口均开在一个合用前室之内。这两种设计，都不利于疏散，不能采用，更不能推广，如图 3-143 所示。

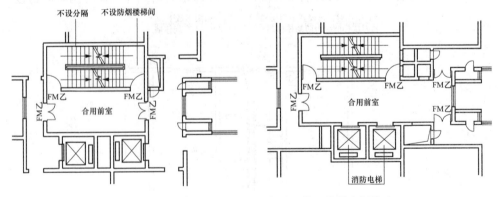

图 3-143　塔式高层住宅平面示意图（剪刀楼梯合用前室）

3. 疏散楼梯间和楼梯

（1）疏散楼梯间应符合以下规定。

1）楼梯间应能天然采光和自然通风，并宜靠外墙设置。靠外墙设置时，楼梯间、前室及合前室外墙上的窗口与两侧门、窗、洞口最近边缘的水平距离不应小于1.0m，如图3-144所示。

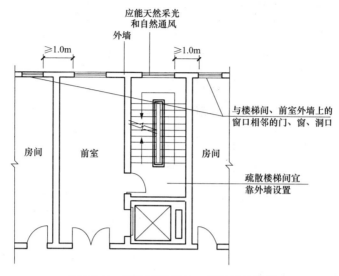

图3-144 靠外墙设置时，楼梯间的设置

2）楼梯间内不应设置烧水间、可燃材料储藏室、垃圾道，如图3-145所示。

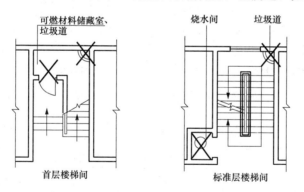

图3-145 楼梯间内不应设置烧水间、可燃材料储藏室、垃圾道

3）楼梯间内不应有影响疏散的凸出物或其他障碍物，不应设置甲、乙、丙类液体管道，如图3-146所示。

4）封闭楼梯间、防烟楼梯间及其前室不应设置卷帘，禁止穿过或设置可燃气体管道，如图3-147所示。

5）敞开楼梯间内不应设置可燃气体管道（见图3-148），当住宅建筑的敞开楼梯间内确需设置可燃气体管道和可燃气体计量表时，应采用金属管和设置切断气源的阀门，如图3-149所示。

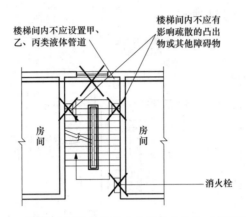

图 3-146　楼梯间内不应有影响疏散的凸出物或其他障碍物

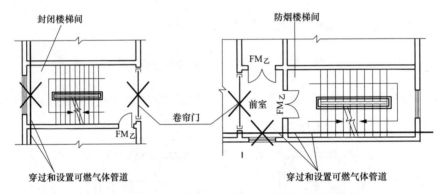

图 3-147　封闭楼梯间、防烟楼梯间及其前室平面示意图

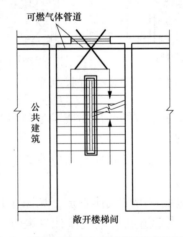

图 3-148　敞开楼梯间内不应设置可燃气体管道

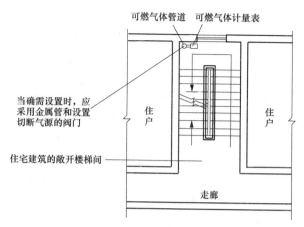

图 3-149　住宅建筑的敞开楼梯间内设置可燃气体管道和可燃气体计量表

（2）封闭楼梯间除应符合上条规定外（见图 3-150），尚应符合以下规定。

1）不能自然通风或自然通风不能满足要求时，应设置机械加压送风系统（见图 3-151）或采用防烟楼梯间。

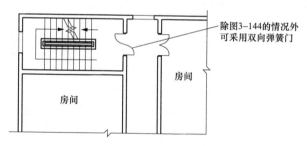

图 3-150　封闭楼梯间（能自然通风）

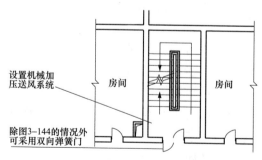

图 3-151　封闭楼梯间（不能自然通风）

2）除楼梯间的出入口和外窗外，楼梯间的墙上不应开设其他门、窗、洞口，如图 3-152 所示。

153

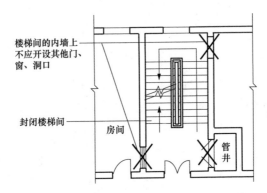

图 3-152　楼梯间门、窗、洞口的设置要求

3）高层建筑、人员密集的公共建筑、人员密集的多层丙类厂房、甲、乙类厂房，其封闭楼梯间的门应采用乙级防火门，并应向疏散方向开启（见图 3-153）；其他建筑，可采用双向弹簧门。

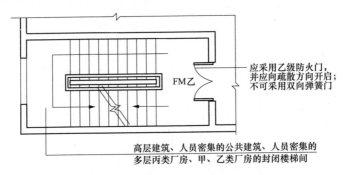

图 3-153　封闭楼梯间的门应采用乙级防火门

4）楼梯间的首层可将走道和门厅等包括在楼梯间内形成扩大的封闭楼梯间，但应采用乙级防火门等与其他走道和房间分隔，如图 3-154 所示。

（3）防烟楼梯间应符合以下规定（见图 3-155 和图 3-156）。

1）应设置防烟设施。

2）前室可与消防电梯间前室合用。

3）前室的使用面积：住宅建筑不应小于 4.5m²。与消防电梯合用前室时，合用前室的使用面积：住宅建筑不应小于 6.0m²。

4）疏散走道通向前室以及前室通向楼梯间的门应采用乙级防火门。

5）除住宅建筑的楼梯间前室外，防烟楼梯间和前室内的墙上不应开设除疏散门和送风口外的其他门、窗、洞口。

6）楼梯间的首层可将走道和门厅等包括在楼梯间前室内形成扩大的前室，

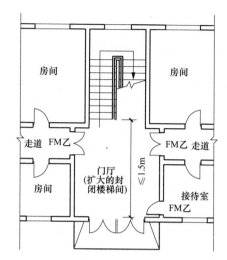

图 3-154 采用乙级防火门与其他走道和房间分隔

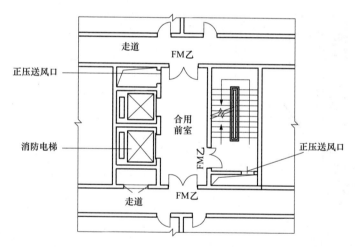

图 3-155 前室与消防电梯间前室合用的防烟楼梯间

但应采用乙级防火门等与其他走道和房间分隔。

(4) 室外疏散楼梯应符合以下规定（见图 3-157）。

1) 栏杆扶手的高度不应小于 1.10m，楼梯的净宽度不应小于 0.90m。

2) 倾斜角度不应大于 45°。

3) 梯段和平台均应采用不燃材料制作。平台的耐火极限不应低于 1.00h，梯段的耐火极限不应低于 0.25h。

4) 通向室外楼梯的门应采用乙级防火门，并应向外开启。

5) 除疏散门外，楼梯周围 2m 内的墙面上下不应设置门、窗、洞口。疏散

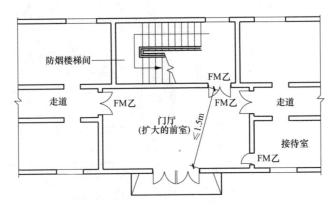

图 3-156　采用乙级防火门等与其他走道和房间分隔

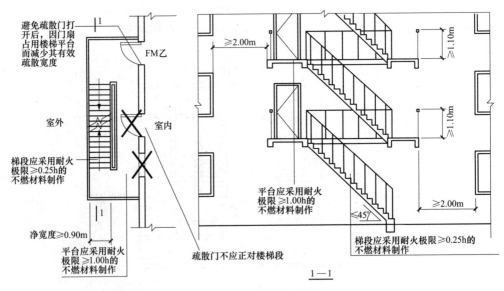

图 3-157　室外疏散楼梯

门不应正对梯段。

（5）一类建筑以及除单元式和通廊式住宅外的建筑高度超过 32m 的二类建筑乙级塔式住宅，均应设防烟楼梯间。防烟楼梯间的设置应符合以下规定（见图 3-158）。

1）楼梯间入口处应设前室、阳台或凹廊。

2）前室的面积，公共建筑不应小于 6.00m²，居住建筑不应小于 4.50m²。

3）前室和楼梯间的门均应为乙级防火门，并应向疏散方向开启。

（6）裙房以及除单元式和通廊式住宅外的建筑高度不超过 32m 的二类建筑

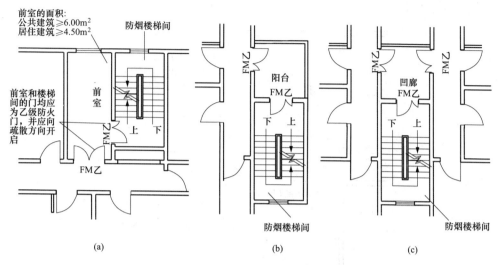

图 3-158 防烟楼梯间的设置要求

（a）楼梯间入口处设置前室；（b）楼梯间入口处设置阳台；（c）楼梯间入口处设置凹廊

应设封闭楼梯间。封闭楼梯间的设置应符合以下规定。

1）楼梯间应靠外墙，并应直接天然采光和自然通风，当不能天然采光和自然通风时，应按防烟楼梯间规定设置，如图 3-159 所示。

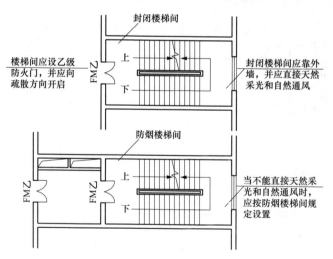

图 3-159 防烟楼梯间设置要求

2）楼梯间应设乙级防火门，并应向疏散方向开启。

3）楼梯间的首层紧接主要出口时，可将走道和门厅等包括在楼梯间内，形成扩大的封闭楼梯间，但应采用乙级防火门等防火措施与其他走道和房间隔开，如图 3-160 所示。

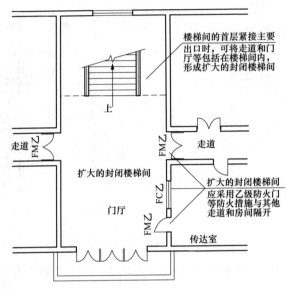

图 3-160　采用乙级防火门等防火措施与其他走道和房间隔开

（7）单元式住宅每个单元的疏散楼梯均应通至屋顶（见图 3-161），其疏散楼梯间的设置应符合以下规定。

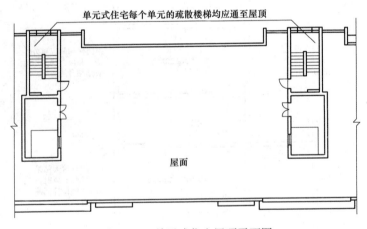

图 3-161　单元式住宅屋顶平面图

1）11 层及 11 层以下的单元式住宅可不设封闭楼梯间，但开向楼梯间的户门应为乙级防火门，且楼梯间应靠外墙，并应直接天然采光和自然通风，如图 3-162 所示。

2）12～18 层的单元式住宅应设封闭楼梯间，如图 3-163 所示。

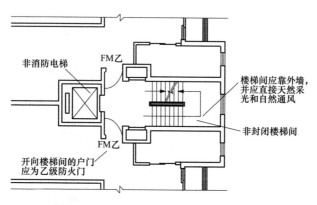

图 3-162 11 层及 11 层以下的单元式住宅

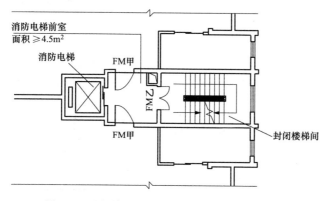

图 3-163 12 层至 18 层的单元式住宅（以每单元设一部封闭楼梯间为例）

3）19 层及 19 层以上的单元式住宅应设防烟楼梯间，如图 3-164 所示。

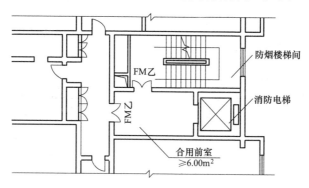

图 3-164 19 层及 19 层以上耳朵单元式住宅

（8）11 层及 11 层以下的通廊式住宅应设封闭楼梯间；超过 11 层的通廊式住宅应设防烟楼梯间，如图 3-165 所示。

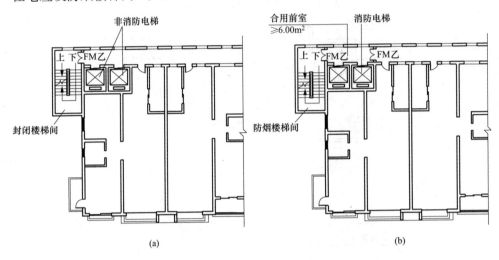

图 3-165　平面示意图

（a）11 层及 11 层以下的通廊式住宅；（b）超过 11 层的通廊式住宅

（9）楼梯间及防烟楼梯间前室应符合下列规定（见图 3-166）。

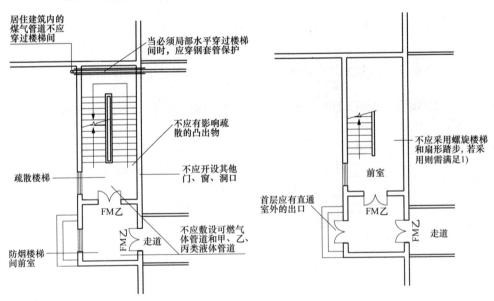

图 3-166　平面示意图

1) 楼梯间及防烟楼梯间前室的内墙上，除开设通向公共走道的疏散门高层建筑的户门外，不应开设其他门、窗、洞口。

2) 楼梯间及防烟楼梯间前室不应敷设可燃气体管道和甲、乙、丙类液体管道，并不应有影响疏散的凸出物。

3) 居住建筑内的煤气管道不应穿过楼梯间，当必须局部水平穿过楼梯间时，应穿钢套保护，并应符合现行国家标准《城镇燃气设计规范》（GB 50028—2006）的相关规定。

（二）常见问题一

1. 常见问题

疏散楼梯间及其前室的门的净宽小于最小规定值；单面布置房间的住宅，走道出垛处的最小净宽小于规定最小值，如图 3-167 所示。

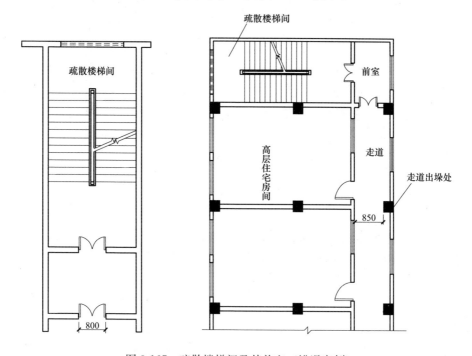

图 3-167　疏散楼梯间及其前室（错误案例）

2. 解决措施

依据《建筑设计防火规范》（GB 50016—2014），疏散楼梯间及其前室的门的最小净宽应按通过人数每 100 人不小于 1.00m 计算，但最小净宽不应小于 0.90m。单面布置房间的住宅，其走道出垛处的最小净宽不应小于 0.90m，如图 3-168 所示。

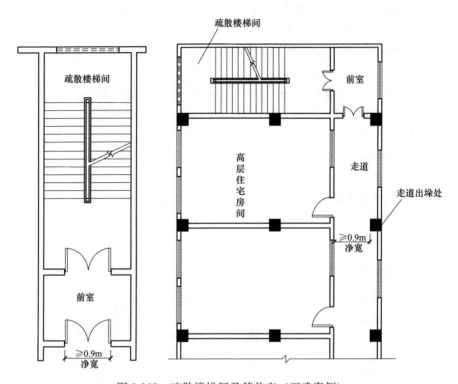

图 3-168　疏散楼梯间及其前室（正确案例）

（三）常见问题二

1. 常见问题

室外疏散楼梯净宽小于 0.9m；疏散门正对楼梯段；楼梯周围 2.0m 内的墙面设置其他门窗洞口，如图 3-169 所示。

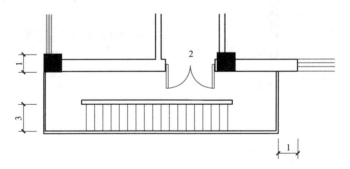

图 3-169　室外疏散楼梯（错误案例）

1—与其他洞口距离不足 2.0m；2—疏散门正对楼梯段；3—梯段净宽小于 0.9m

2. 解决措施

依据《建筑设计防火规范》（GB 50016—2014）有以下要求。

（1）室外楼梯可作为辅助的防烟楼梯，其最小净宽不应小于0.90m。当倾斜角度不大于45°，栏杆扶手的高度不小于1.10m时，室外楼梯宽度可计入疏散楼梯总宽度内。

（2）室外楼梯和每层出口处平台，应采用不燃材料制作。平台的耐火极限不低于1.00h。在楼梯周围2.00m内的墙面上，除设疏散门外，不应开设其他门、窗、洞口。疏散门应采用乙级防火门，且不应正对梯段，如图3-170所示。

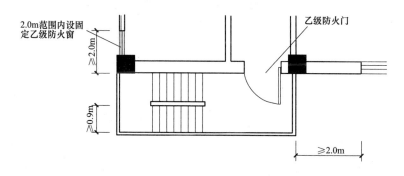

图3-170 室外疏散楼梯（正确案例）

（四）常见问题三

1. 常见问题

设置在变形缝附近的防火门，未设置在楼层较多的一侧，且门开启后跨越变形缝，如图3-171所示。

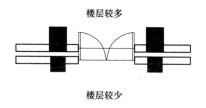

图3-171 设置在变形缝附近的防火门（错误案例）

2. 解决措施

依据《建筑设计防火规范》（GB 50016—2014），设置在建筑变形缝附近时，防火门应设置在楼层较多的一侧，并应保证防火门开启式门扇不跨越变形缝，如图3-172所示。

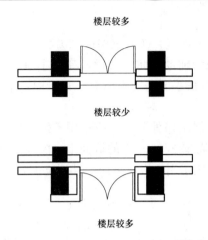

图 3-172　设置在变形缝附近的防火门（正确案例）

六、消防电梯设置

（1）以下高层建筑应设消防电梯。

1）一类公共建筑。

2）塔式住宅。

3）12 层及 12 层以上的单元式住宅和通廊式住宅。

4）高度超过 32m 的其他二类公共建筑。

（2）高层建筑消防电梯的设置数量应符合下列规定：

1）当每层建筑面积不大于 1500m² 时，应设一台。

2）当大于 1500m² 但不大于 4500m² 时，应设两台。

3）当大于 4500m² 时，应设 3 台。

4）消防电梯可与客梯或工作电梯兼用，但应符合消防电梯的要求。

（3）消防电梯的设置应符合以下规定（见图 3-173 和图 3-174）。

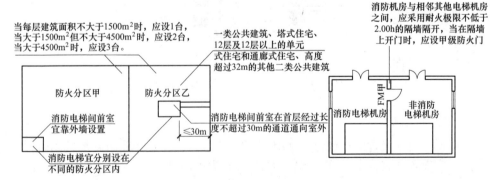

图 3-173　平面示意图

164

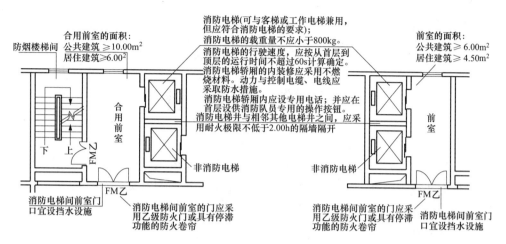

图 3-174 平面示意图

1）消防电梯宜分别设在不同的防火分区内。

2）消防电梯应设前室，其面积：居住建筑不应小于 4.50m²；公共建筑不应小于 6.00m²。当与防烟楼梯间合用时，其面积：居住建筑不应小于 6.00m²；公共建筑不应小于 10m²。

3）消防电梯前室宜靠外墙设置，在首层应设直通室外的出口或经过长度不超过 30m 的通道通向室外。

4）消防电梯前室的门，应采用乙级防火门或具有停滞功能的防火卷帘门。

5）消防电梯的载重量不应小于 800kg。

6）消防电梯井、机房与相邻其他电梯井、机房之间，应采用耐火极限不低于 2.00h 的隔墙隔开，挡在隔墙上开门时，应设甲级防火门。

7）消防电梯的行驶速度，应按从首层都顶层的运行时间不超过 60s 计算确定。

8）消防电梯轿厢的内装修应采用不燃烧材料。

9）动力与控制电缆、电线应采取防水措施。

10）消防电梯轿厢内应设专用电话；并应在首层设供消防员专用的操作按钮。

11）消防电梯间前室门口宜设挡水设施。

第四章

无 障 碍 设 计

无障碍设计就是为了保障特殊人群权利的重要措施之一，本章节指出无障碍设计的实施范围和在画建筑施工图时无障碍设计方面常见的一些问题，是为了提高无障碍设计水平，从而提高社会文明程度，让残障人士体会到社会对每一个人的关怀。

第一节 无障碍设计实施范围及部位设计

一、公共建筑无障碍设计实施范围及部位设计

（1）办公、科研建筑无障碍实施的范围及部位见表 4-1。

表 4-1　　　　　办公、科研建筑无障碍实施的范围及部位

建筑类别	实施范围	实施部位	备注
办公、科研建筑	各级政府办公建筑、各级公安服务建筑、各级司法部门建筑、企、事业办公建筑、老年、残联办公及活动中心等建筑、其他办公、科研建筑等	建筑基底	设人行通路、停车车位
		主要入口和接待服务入口	设无障碍入口
		主要楼梯和电梯	设无障碍电梯
		一般接待室、贵宾接待室	方便轮椅进入
		报告厅、审判厅、多功能厅	设轮椅席位
		公共厕所	设无障碍厕所、厕位
		服务台、业务台、公用电话等	设无障碍标志牌

注　1. 乡、镇、街道办及以上为公众办理业务的政府、公安、司法部门应设一个无障碍厕所。其他办公建筑可在一个男、女厕所各设一个无障碍厕位、一个无障碍洗手盆、一个无障碍小便器（男）。

　　2. 区、县级老年、残联办公建筑及活动中心至少应设两个无障碍厕所。

　　3. 新建、扩建和改建的有楼层的老年、残联及活动中心等建筑应设无障碍型电梯；在走道和楼梯两侧设扶手。

　　4. 当停车场满员后而无障碍停车位又空闲时其他人士可暂时使用无障碍停车位。

（2）商业、服务建筑无障碍实施范围及部位见表 4-2。

表 4-2 **商业、服务建筑无障碍实施范围及部位**

建筑类别	实施范围	实施部位	备注
商业建筑	百货公司、综合商场、自选超市、专业商厦、餐馆、饮食中心、食品店、菜市场等	主要入口、门厅、大堂	宜设无台阶入口
		客用楼梯和电梯	设无障碍电梯
		营业区、自选区	方便轮椅者通行、购物
		宾馆、饭店公共服务部分	方便轮椅到达和进入
		休息室、等候室	设在首层和楼层
服务建筑	金融、邮电、书店、宾馆、饭店、旅馆、培训中心、娱乐中心、综合服务建筑、殡仪馆建筑等	公共厕所、公共浴室	含无障碍厕所、厕位及浴位
		标准间无障碍客房	设在出入方便位置
		总服务台、业务台、取款机、查询、结算通道、公用电话、饮水器等	设无障碍标志牌

注 1. 大、中型商业服务建筑至少应设一个无障碍厕所和两个无障碍厕位（男、女各1个）、两个无障碍洗手盆（男、女各一个）、一个无障碍小便器（男）。

2. 为顾客服务的楼梯两侧应设扶手。

3. 有楼层的大、中型商业服务建筑应设无障碍电梯。

4. 殡仪馆服务区、殡仪区、休息室等通路和入口应方便乘轮椅者进出，需设无障碍厕位或厕所。

（3）文化、纪念建筑无障碍实施范围及部位见表 4-3。

表 4-3 **文化、纪念建筑无障碍实施范围及部位**

建筑类别	实施范围	实施部位	备注
文化建筑	文化馆建筑、图书馆建筑、科技馆建筑、博览建筑、档案馆建筑	建筑基地	设人行通道及停车位
		主要入口和接待服务入口	设无障碍入口
		客用楼梯和电梯	设无障碍电梯
		目录及出纳、信息及查询	方便乘轮椅者到达和使用
		报告厅、视听室、阅读室	设轮椅席位
纪念性建筑	纪念馆、纪念塔、纪念碑、纪念物等	公共厕所	设无障碍厕所、侧位
		休息室、等候室	设在首层或楼层
		售票处、总服务台、公共电话、饮水器等	设无障碍标志牌

注 1. 区、县级文化、纪念建筑应设盲人图书室，有楼层的应设无障碍电梯。

2. 乡、镇级文化、纪念建筑应设无障碍厕所。

（4）观演、体育建筑进行无障碍实施范围及部位见表 4-4。

表 4-4 观演、体育建筑进行无障碍实施范围及部位

建筑类别	实施范围	实施部位	备注
观演建筑	剧场、剧院建筑、电影院建筑、音乐厅建筑、礼堂、会议中心等	建筑基地	设人行通道及停车位
		各主要入口及前厅休息厅	方便乘轮椅者进入
		观众楼梯和电梯	设无障碍电梯
		主席台、包厢及贵宾休息室	设轮椅席位
体育建筑	体育场、体育馆、游泳馆、游泳场、溜冰馆、溜冰场、综合活动中心等	舞台、后台、乐池、化妆室	乘轮椅者可到达和使用
		训练及热身场地、比赛场地	为无障碍场地
		公共厕所、公共浴室	设无障碍厕所、厕位及浴位
		售票处、服务台、公共电话、饮水器等	设无障碍标志牌

注 1. 特大型和大型剧院至少应设 4 个轮椅席位，中型和小型至少应设两个轮椅席位。音乐厅、电影院至少应设 2 个轮椅席位。

2. 体育场馆主席台、包厢、记者席、运动员席和一般观众席应设轮椅席，轮椅席总数量最少可按座席总数量 2‰测算。

3. 特级、甲级运动场馆的贵宾休息室和包厢休息室应设有无障碍厕所，其他在公共厕所旁宜设一个无障碍厕所。

4. 运动员区的休息室、兴奋剂检查室、医务室和检录处以及更衣室、男女厕所、盥洗室、淋浴等部位应方便乘轮椅运动员到达、进入和使用。运动员区可不设无障碍厕所。

（5）交通、医疗建筑进行无障碍实施范围及部位见表 4-5。

表 4-5 交通、医疗建筑无障碍实施范围及部位

建筑类别	实施范围	实施部位	备注
交通建筑	空港航站楼建筑、铁路旅客站建筑、汽车客运站建筑、城市轨道交通站、港口客运站建筑	站前广场	设人行通道及停车位
		旅客及病人出入口及公共通道	设无台阶入口、走道
		楼梯、电梯	设无障碍电梯
		联检通道、旅客等候、中转区	为无障碍通道
		登机桥、天桥、地道、站台	设无障碍通道
医疗建筑	综合医院、专科医院、疗养院建筑、康复中心建筑、急救中心建筑、社区医疗站建筑	门诊、急诊、住院用房及放射、检验等医技用房	方便轮椅者到达、进入和使用
		公共厕所、公共浴室	设无障碍厕所、厕位及浴位
		服务台、挂号、取药、公共电话、饮水器、查询台收费处及购票等	设低位服务和无障碍标志牌

注 1. 为旅客和病人服务及疗养的每一处男、女公共厕所应各设一个无障碍厕位、洗手盆、小便器（男）及一个无障碍厕所；交通建筑旅馆的盥洗室设施要方便乘轮椅者到达和使用。

2. 病房区护理单元病人集中使用的厕所应设有无障碍厕位和无障碍厕所，病人集中使用的浴室应设有无障碍浴室（含盆浴和淋浴）。

3. 为旅客和病人使用的楼梯两侧应设扶手。

4. 方便旅客通行的登机桥、天桥、地道等处应设坡道和电梯。

（6）学校、园林建筑进行无障碍实范围及部位见表 4-6。

表 4-6　　　　　　　　　　学校、园林建筑无障碍实施范围及部位

建筑类别	实施范围	实施部位	备注
交通建筑	空港航站楼建筑、铁路旅客站建筑、汽车客运站建筑、城市轨道交通站、港口客运站建筑	站前广场	设人行通道及停车位
		旅客及病人出入口及公共通道	设无台阶入口、走道
		楼梯、电梯	设无障碍电梯
		联检通道，旅客等候、中转区	为无障碍通道
		登机桥、天桥、地道、站台	设无障碍通道
医疗建筑	综合医院、专科医院、疗养院建筑、康复中心建筑、急救中心建筑、社区医疗站建筑	门诊、急诊、住院用房及放射、检验等医技用房	方便轮椅者到达、进入和使用
		公共厕所、公共浴室	设无障碍厕所、厕位及浴位
		服务台、挂号、取药、公共电话、饮水器、查询台收费处及购票等	设低位服务和无障碍标志牌

注　1. 学校（考虑无障碍设计的）与园林范围内商业服务等公共建筑无障碍设施建设应符合本章节各条款的有关设计要求。

　　2. 无障碍设计的教学用房在首层男、女公共厕所各设一个无障碍厕位、一个无障碍洗手盆、一个小便器（男），可不设无障碍厕所。

　　3. 园林建筑每一处室外男、女公共厕所应各设一个无障碍厕位、一个无障碍洗手盆、一个小便器（男）及一个无障碍厕所。

　　4. 建议中、小学及托幼建筑中的楼梯两侧均设扶手。

　　5. 园林范围内的园路、园廊、园桥、铺装场地、观展区、儿童乐园等，要方便乘轮椅到达和使用。

二、居住建筑无障碍设计实施范围及部位设计

（1）高层、中高层住宅及公寓建筑进行无障碍实施范围及部位见表 4-7。

表 4-7　　　　　　　　　　无障碍实施范围及部位

实施范围	实施部位	备注
高层住宅、中高层住宅、高层公寓、中高层公寓、社区会所、物业等服务性建筑	建筑入口	设无障碍入口
	入口平台	方便轮椅回转
	候梯厅	方便乘轮椅者等候
	电梯轿厢	设无障碍电梯
	公共走道	方便轮椅通行
	无障碍住房	方便老年人残疾人使用

注　1. 高层、中高层住宅及公寓建筑，每 50 套宜设两套符合老年人、行动困难者及乘轮椅者居住的无障碍住房套型，同时应设担架可进入的电梯。

　　2. 高层、中高层老年公寓建筑无障碍设施建设应全部符合老年人、行动困难者以及乘轮椅者居住的无障碍住房套型，公共走道两侧设扶手，同时应设担架可进入的电梯。

（2）设有残疾人住房的多层、低层住宅及公寓建筑进行无障碍实施范围及部位见表4-8。

表 4-8 无障碍实施范围及部位

实施范围	实施部位	备注
多层建筑 低层建筑 多层公寓 底层公寓	建筑入口	宜设无障碍入口
	入口平台（平台宽度）	方便轮椅回转
	公共通道	一侧设扶手
	楼梯	两侧设扶手
	无障碍住房	没有电梯应设在首层

注 1. 多层、底层住宅及公寓建筑，每100套住房宜在底层设2～4套符合老年人、行动困难者及乘轮椅者居住的无障碍套型。

2. 多层、低层老年公寓建筑应设无障碍电梯，公共走道两侧应设扶手。无障碍设施应符合老年人、行动困难者及乘轮椅者居住的无障碍住房套型。

（3）设有残疾人住房的职工和学生宿舍建筑进行无障碍实施范围及部位见表4-9。

表 4-9 无障碍实施范围及部位

实施范围	实施部位	备注
职工宿舍 学生宿舍	主要入口	设无障碍入口
	入口平台（宽度）	方便轮椅回转
	公共走道（宽度）	方便轮椅通行
	公共厕所、公共浴室	含洗手盆、小便器
	无障碍住房（男、女各一间）	没有电梯应设在首层

第二节 建筑无障碍入口设计

一、设台阶和坡道的无障碍出入口

1. 常见问题

（1）轮椅通行平台宽度不达标准；轮椅坡道转弯处达不到规范要求 1500mm×1500mm。

（2）台阶超过三级未设扶手。

（3）入口大门内外地面高差超过 15mm。

（4）入口两道门同时开启，最小间距不达标准。

（5）以上问题如图 4-1 所示。

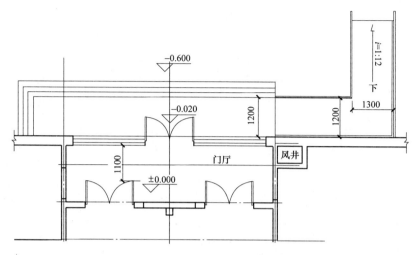

图 4-1 设台阶和坡道的无障碍出入口（错误案例）

2. 解决措施

依据《无障碍设计规范》（GB 50763—2012）有以下规定。

（1）无障碍出入口应符合以下规定。

1）除平坡出入口外，在门完全开启的状态下，建筑物无障碍出入口的平台的净深度不应小于 1.50m。

2）建筑物无障碍出入口的门厅、过厅如设置两道门，门扇同时开启时两道门的间距不应小于 1.50m。

（2）轮椅坡道起点、终点和中间休息平台的水平长度不应小于 1.50m。

（3）门的无障碍设计应符合以下规定。

1）在门扇内外应留有直径不小于 1.50m 的轮椅回转空间。

2）门槛高度及门内外地面高差不应大于 15mm，并以斜面过度。

（4）台阶的无障碍设计应符合下列规定：三级及三级以上的台阶应在两侧设置扶手。

（5）以上解决措施如图 4-2 所示。

二、不设台阶的无障碍入口

依据《无障碍设计规范》（GB 50763—2012），无障碍出入口应符合以下规定（见图 4-3）。

（1）出入口的地面应平整。

（2）室外地面滤水箅子的孔洞宽度不应大于 15mm。

（3）建筑物无障碍出入口的上方应设置雨篷。

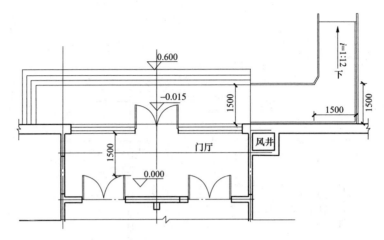

图 4-2 设台阶和坡道的无障碍出入口（正确案例）

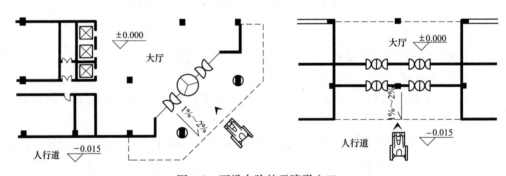

图 4-3 不设台阶的无障碍入口

三、只设坡道的无障碍入口

依据《无障碍设计规范》（GB 50763—2012），无障碍出入口的轮椅坡道及平坡出入口的坡度应符合下列规定：平坡出入口的地面坡度不应大于 1：20，当场地条件比较好时，不宜大于 1：30。

四、无障碍坡道坡度与长度的限定

不同的地面高度，可选用不同坡道的坡度（最低标准），具体见表 4-10。

表 4-10 　　轮椅通行时的坡道在不同坡度时对高度与水平长度的限定

坡度	1：2	1：4	1：6	1：8	1：10	1：12	1：14	1：16	1：18	1：20	1：30	1：40
坡道高度（m）	0.04	0.08	0.20	0.35	0.60	0.75	0.90	1.10	1.30	1.50	4.00	6.00
水平长度（m）	0.08	0.32	1.20	2.80	6.00	9.00	12.60	17.60	23.40	30.00	120	240

第三节 无障碍走道和门窗设计

一、门厅及过厅设计

1. 门厅及过厅

（1）依据《无障碍设计》（12J926），大中型公共建筑（以下简称公建）及高层住宅的门厅在门扇开启后最小深度为1500mm，1500mm的深度空间比较充裕，小于1500mm空间比较拥挤容易发生碰撞，如图4-4所示。

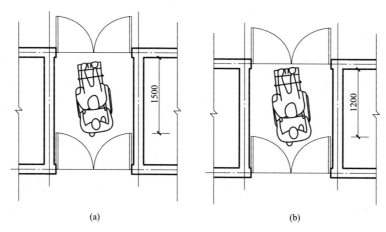

(a)　　　　　　　　　　　(b)

图4-4　大中型公建及高层住宅

(a) 正确案例；(b) 错误案例

（2）依据《无障碍设计》（12J926），中小型公建及高层住宅的门厅在门扇开启后最小深度为1200mm，小于1200mm空间比较拥挤容易发生碰撞，如图4-5所示。

2. 轮椅通行的走道宽度

（1）依据《无障碍设计》（12J926），中大型公建及老年人、残疾人专用建筑等走道最小宽度为1800mm，小于1800mm如错误案例所示两辆轮椅同时通过时会略显拥挤，如图4-6所示。

（2）依据《无障碍设计》（12J926），中型公建及居住建筑等公共走道最小宽度为1500mm，小于1500mm如错误案例所示，人与轮椅同时通过时会略显拥挤，如图4-7所示。

（3）依据《无障碍设计》（12J926），小型公建及居住建筑等公共走道最小宽度为1200mm，小于1200mm如错误案例所示，人与轮椅同时会很拥挤，如图4-8所示。

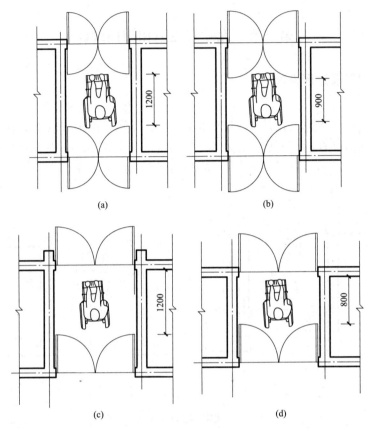

图 4-5 中小型公建及高层住宅

(a) 正确案例；(b) 错误案例；(c) 正确案例；(d) 错误案例

(4) 依据《无障碍设计》（12J926），中大型公建及老年人、残疾人专用建筑等走道最小宽度为 1800mm，小于 1800mm 如错误案例所示，乘轮椅者与残疾人会发生碰撞，如图 4-9 所示。

3. 规范常识

(1) 大型公共建筑走道宽度不应小于 1.8m，中型公共建筑走道宽度不应小于 1.5m，小型公共建筑走道宽度不应小于 1.2m（但应有轮椅回转面积）。

(2) 走道的地面应平整、不光滑，走道地面有高度差时设坡道和扶手。

(3) 向走道开启的门扇和窗扇以及向走道墙面有凸出大于 0.1m 的设施和高度大于 0.65m 的设施，应设凹室或保护措施，使其不影响走道的安全通行。

二、门的设计

各种门的类型如图 4-10～图 4-16 所示。

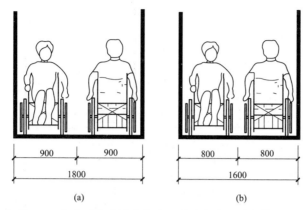

图 4-6 中大型公建及老年人、残疾人专用建筑等走道

（a）正确案例；（b）错误案例

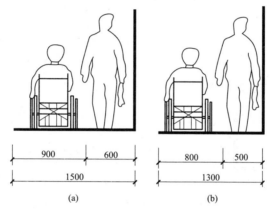

图 4-7 中型公建及居住建筑等公共走道

（a）正确案例；（b）错误案例

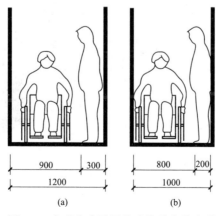

图 4-8 小型公建及居住建筑等公共走道

（a）正确案例；（b）错误案例

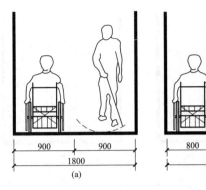

图 4-9　小型公建及居住建筑等公共走道

（a）正确案例；（b）错误案例

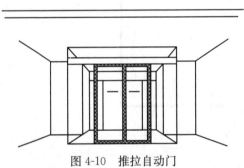

图 4-10　推拉自动门

注　公众使用的推拉自动门开启净宽不小于 1000mm。

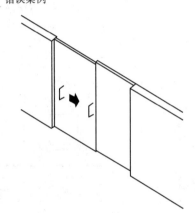

图 4-11　推拉门

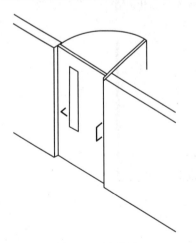

图 4-12　平开门

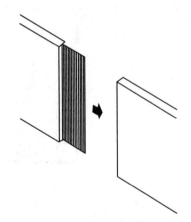

图 4-13　推叠门

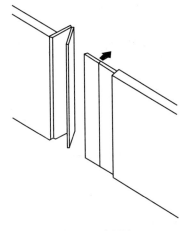

图 4-14 折叠门

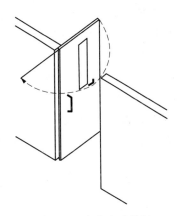

图 4-15 小力度弹簧门

注 门开启净宽不小于 800mm；平开门及
小力度弹簧门应设观察玻璃。

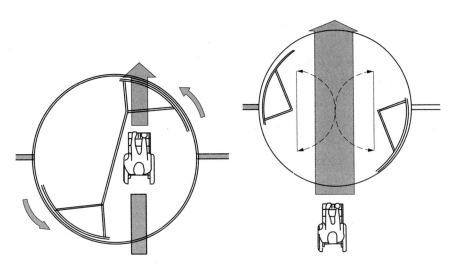

图 4-16 无障碍旋转门

注 无障碍旋转门空间大、速度慢，有无障碍感应器和控制按钮。

第四节　无障碍楼梯设计

一、一般规定

公共建筑主要楼梯除应符合楼梯设计的一般规定外，作为无障碍使用时，其设计应符合以下规定。

（1）采用踏步有踢面、休息平台、梯段为直线形的楼梯。

（2）楼梯扶手设计应符合以下规定。

1）楼梯梯段两侧设扶手。

2）扶手高 0.85～0.90m，特殊需要设两层扶手时下层扶手高 0.65～0.70m。

3）靠墙扶手起点与终点应水平延伸 0.3m 并向下延伸 0.1m 以上或向内拐到墙面。

4）靠梯井一侧栏杆式扶手的起点应从距地面 0.90m 处开始。

5）扶手抓握截面为 35～45mm。

6）扶手内侧面与墙面距离为 40～50mm，并与墙面颜色有区别。

（3）应在楼梯栏杆下方踏面上，设高 50mm 安全挡台，或做成高 50mm 水平或斜式栏杆。

（4）踏步的突缘避免直角形。

（5）踏面应防滑。

（6）公共建筑主要楼梯梯段的净宽度不应小于 1.4m。

二、楼梯扶手设计

1. 常见问题

无障碍楼梯靠墙一侧未设置扶手，如图 4-17 所示。

2. 解决措施

依据《无障碍设计》（12J926），无障碍楼梯宜在两侧均设扶手，如图 4-18 所示。

三、靠墙扶手设计

1. 常见问题

楼梯靠墙扶手起点与末端的水平延伸只有 200mm，如图 4-19 所示。

2. 解决措施

依据《无障碍设计》（12J926），楼梯靠墙扶手起点与末端的水平延伸不应小于 300mm，如图 4-20 所示。

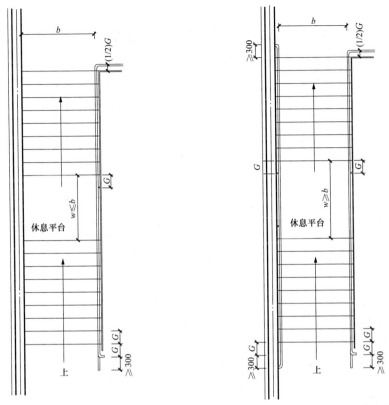

图 4-17　单跑楼梯（错误案例）　　　　图 4-18　单跑楼梯（正确案例）

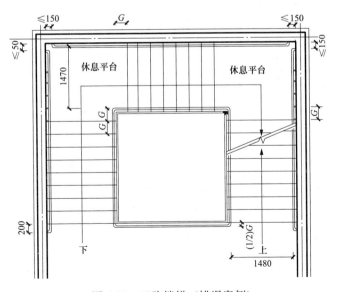

图 4-19　三跑楼梯（错误案例）

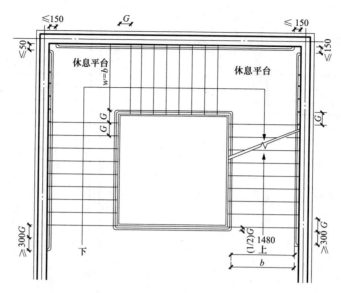

图 4-20 三跑楼梯（正确案例）

四、休息平台设计

1. 常见问题

休息平台宽度小于梯段宽度，如图 4-21 所示。

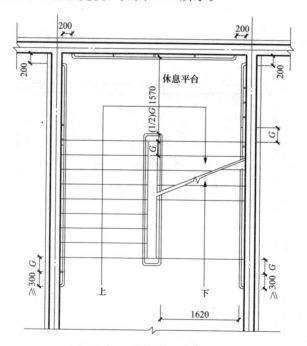

图 4-21 双跑楼梯（错误案例）

2. 解决措施

依据《无障碍设计》（12J926），休息平台宽度应大于等于梯段宽度，如图4-22 所示。

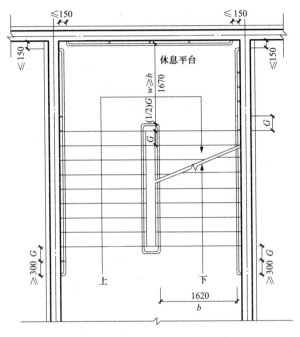

图 4-22　双跑楼梯（正确案例）

第五节　电梯无障碍设计

一、电梯厅无障碍设施与配件要求

（1）公共建筑及高层住宅电梯厅宽度不宜小于 1.8m，多层住宅电梯厅宽度不宜小于 1.6m。

（2）电梯厅按钮高度为 0.9～1.1m，如图 4-23 所示。

（3）电梯厅的门洞外口净宽不宜小于 0.9m。

（4）电梯厅应设电梯运行显示和抵达音响。

（5）公共建筑无障碍电梯应设无障碍标志牌。

二、电梯轿厢无障碍规格与配件要求

（1）电梯轿厢门开启净宽度不应小于 0.8m，门扇关闭是应有安全措施。

（2）在轿厢侧壁上设高 0.9～1.1m 带盲文的选层按钮，如图 4-24 所示。

（3）在轿厢侧面或三壁上设高 0.8～0.85m 的扶手，如图 4-25 所示。

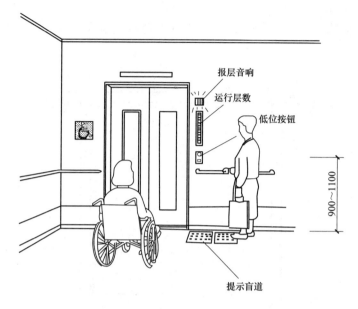

图 4-23　电梯厅示意图

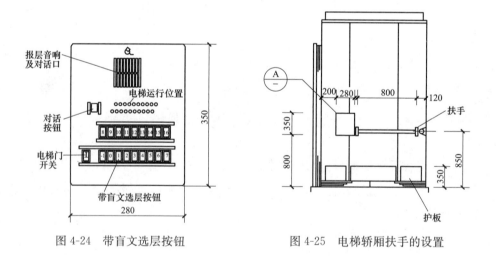

图 4-24　带盲文选层按钮　　　　　图 4-25　电梯轿厢扶手的设置

（4）轿厢在上下运行中与到达时应有清晰显示和语音报层。

（5）在轿厢正面壁上距地 0.9m 至顶部应安装镜子，如图 4-26 所示。

三、候梯厅最小深度

候梯厅最小深度见表 4-11。

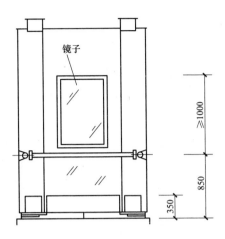

图 4-26 镜子的设置

表 4-11 候梯厅最小深度 （mm）

建筑类别	布置方式	候梯厅深度	备注
住宅电梯	单台电梯（见图 4-27）	1500	用于多层住宅建筑
	多台电梯	1800	单侧排列
客用电梯	单台电梯（见图 4-28）	1800	
	多台电梯	2000	单侧排列
病床电梯	单台电梯	2000	
	多台电梯	2200	单侧排列

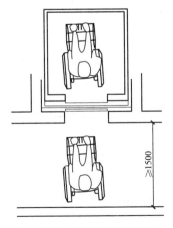

图 4-27 多层住宅建筑候梯厅最小深度

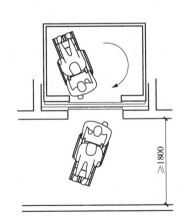

图 4-28 公共建筑客用候梯厅最小深度

四、电梯类别与规格

电梯类别与规格见表 4-12。

表 4-12　　　　　　　　　　　无障碍电梯类别与规格

名称	电梯尺寸/mm		电梯门尺寸/mm		备注
	深	宽	净宽	净高	
住宅电梯	1400	1100	800	2000	适用于多层住宅建筑
	2100	1100	800	2000	
客用电梯	1400	1350	800	2000	
	1400	1600	1100	2100	
	1400	1950	1100	2100	
病床电梯	1400	2400	1300	2100	用于医疗建筑
	1800	2700	1300	2100	用于医疗建筑

第六节　公共卫生间无障碍设计

一、公共厕所无障碍设计的一般规定

（1）女厕所的无障碍设施包括至少一个无障碍厕位和一个无障碍洗手盆；男厕所的无障碍设施包括至少一个无障碍厕位、一个无障碍小便器和一个无障碍洗手盆。

（2）厕所的入口和通道应方便乘轮椅者进入和进行回转，回转直径不小于 1.50m。

（3）门应方便开启，通行净宽度不应小于 800mm。

（4）地面应防滑、不积水。

（5）无障碍厕位应设置无障碍标志。

二、无障碍厕位的一般规定

（1）无障碍厕位应方便乘轮椅者到达和进入，尺寸宜做到 2.00m×1.50m，不应小于 1.80m×1.00m。

（2）无障碍厕位的门宜向外开启，如向内开启，需在开启后厕位内留有直径不小于 1.50m 的轮椅回转空间，门的通行净宽不应小于 800mm，平开门外侧应设高 900mm 的横扶把手，在关闭的门扇里侧设高 900mm 的关门拉手，并应采用门外可紧急开启的插销。

（3）厕位内应设坐便器，厕位两侧距地面 700mm 处应设长度不小于 700mm 的水平安全抓杆，另一侧应设高 1.40m 的垂直安全抓杆。

三、无障碍厕位的无障碍设计

（1）位置宜靠近公共厕所，应方便乘轮椅者进入和进行回转，回转直径不小于 1.50m。

（2）面积不应小于 4.00m²。

（3）当采用平开门时，门扇宜向外开启，如向内开启，需在开启后留有直径不小于 1.50m 的轮椅回转空间，门的通行净宽度不应小于 800mm，平开门应设高 900mm 的横扶把手，在门扇里侧应采用门外可紧急开启的门锁。

（4）地面应防滑、不积水。

（5）内部应设坐便器、洗手盆、多功能台、挂衣钩和呼叫按钮。

（6）坐便器应符合《无障碍设计规范》（GB 50763—2012）第 3.9.2 条的有关规定，洗手盆应符合《无障碍设计规范》（GB 50763—2012）第 3.9.4 条的有关规定。

（7）多功能台长度不宜小于 700mm，宽度不宜小于 400mm，高度宜为 600mm。

（8）安全抓杆的设计应符合《无障碍设计规范》（GB 50763—2012）第 3.9.4 条的有关规定。

（9）挂衣钩距地高度不应大于 1.20m。

（10）在坐便器旁的墙面上应设高 400～500mm 的救助呼叫按钮。

（11）入口应设置无障碍标志，无障碍标志应符合《无障碍设计规范》（GB 50763—2012）第 3.16 节的有关规定。

四、厕所里的其他无障碍设施

（1）无障碍小便器下口距地面高度不应大于 400mm，小便器两侧应在离墙面 250mm 处，设高度为 1.20m 的垂直安全抓杆，并在离墙面 550mm 处，设高度为 900mm 的水平安全抓杆与垂直安全抓杆连接。

（2）无障碍洗手盆的水嘴中心距侧面墙应大于 550mm，其底部应留出宽 750mm、高 650mm、深 450mm 的空间供乘轮椅者膝部和足尖部的移动空间，并在洗手盆上方安装镜子，在水龙头宜采用杠杆式水龙头或感应式自动出水方式。

（3）安全抓杆应安装牢固，直径应为 30～40mm，内侧距墙面不应小于 40mm。

（4）取纸器应设在坐便器的侧前方，高度为 400～500mm。

五、公共厕所无障碍厕位示例

公共厕所无障碍厕位如图 4-29～图 4-34 所示。

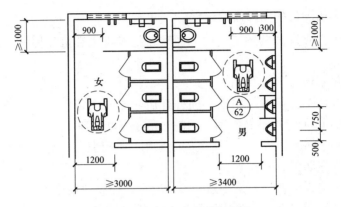

图 4-29　无门扇小型厕位示例

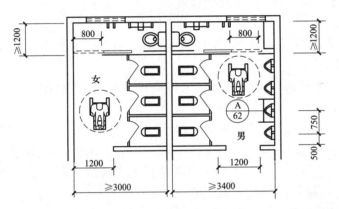

图 4-30　推拉门小型厕位示例
注　轮椅进入后不能旋转。

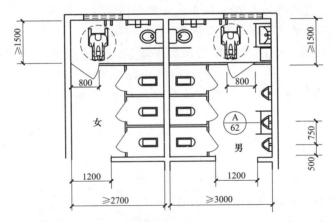

图 4-31　平开门中型厕位示例
注　轮椅进入后可以旋转。

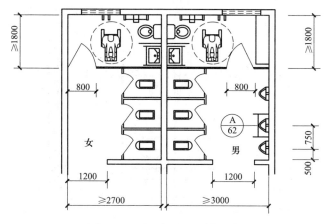

图 4-32 平开门大型厕位示例

注 轮椅进入后可以旋转。

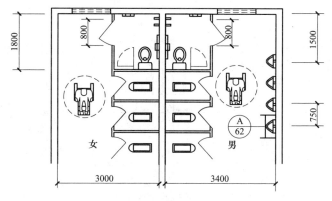

图 4-33 单无障碍厕位示例

1. 常见问题

(1) 公共厕所的无障碍设施，男厕所无障碍小便器。

(2) 厕所的通道不利于乘轮椅者进入和进行回转。

(3) 厕位门的净宽小于 800mm。

(4) 无障碍厕位内未设安全抓杆。

(5) 以上问题如图 4-35 所示。

2. 解决措施

依据《无障碍设计规范》(GB 50763—2012) 有以下规定：

(1) 公共厕所的无障碍设计应符合以下规定。

1) 男厕所的无障碍设施包括至少一个无障碍厕位、一个无障碍小便器和一

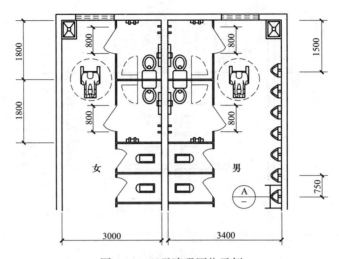

图 4-34　双无障碍厕位示例

注　门扇向外开启，轮椅进入后可旋转角度。

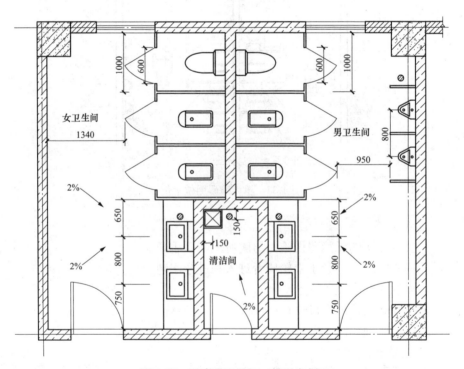

图 4-35　无障碍卫生间（错误案例）

个无障碍洗手盆。

188

2）厕所的入口和通道应方便乘轮椅者进入和进行回转，回转直径不小于1.50m。

3）门应方便开启，通行净宽不应小于800mm。

（2）无障碍厕位应符合下列规定：厕位内应设坐便器，厕位两侧距地面700mm处应设长宽不小于700mm的水平安全抓杆，另一侧应设高1.40m的垂直安全抓杆，如图4-36所示。

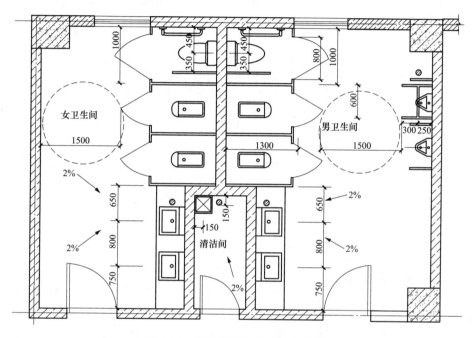

图4-36 无障碍卫生间（正确案例）

第七节 无障碍客房和住房设计

随着国家经济的发展，社会老龄化的需要，以及人文设计理念的不断深入，越来越多无障碍设计融入到我们的生活里。无障碍客房与无障碍住房设计深深体现了人人平等的人文关怀理念。

一、无障碍客房设计

（1）设有对外营业客房的商业服务与培训中心等建筑物应设无障碍客房，其设计要求如下（见图4-37）。

1）客房位置应便于乘轮椅者到达、进出和安全疏散。

2）餐厅、购物和康乐保健等公共服务设施，应方便行动有困难的老年人及

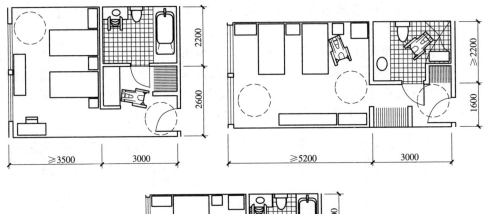

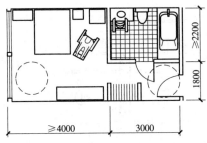

图 4-37　无障碍客房布置示意图

乘轮椅者到达、进入和使用。

3）客房内通道的宽度不宜小于 1.5m，床位相距不应小于 1.2m。

4）客房门开启净宽度不应小于 0.8m，门把手一侧墙面宽度不应小于 0.4m。

5）卫生间宜采用推拉门，当采用平开门时门扇应向外开启，净宽不小于 0.8m。轮椅进入后回转直径不小于 1.5m。

6）浴盆、淋浴、坐便器、洗脸盆、毛巾架、安全抓杆等，在形式、高度和规格上应方便行动困难者和乘轮椅者使用。

7）客房电器与家具的位置和高度应方便行动困难者和乘轮椅者靠近和使用。窗、坐便器、浴盆高度宜同为 0.45m 或高度一致。

8）客房与卫生间应设置救助呼叫按钮，其位置与高度应方便乘轮椅者使用。

（2）无障碍客房数量可按表 4-13 中的规模设置。

表 4-13　　　　　　　　　　无障碍客房设置数量

名称	标准间	无障碍客房
标准间客房	100 间以下	1～2 间
	100～400 间	2～4 间
	400 间以上	5 间以上

二、无障碍住房设计

（1）无障碍住房需按套型设计，每套住房设起居室（厅）、卧室、厨房和卫生间等基本空间，卫生间宜靠近卧室。

（2）居室设计应符合以下要求（见图4-38）。

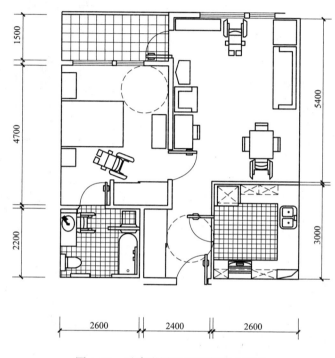

图 4-38　无障碍居室平面布置示意图

1）单人卧室大于或等于7m²。

2）双人卧室大于或等于10m²。

3）起居室大于或等于12m²。

4）起居室兼餐厅、过厅大于或等于16m²。

5）地面、门洞和家具等应方便行动困难者和乘轮椅者通行和使用。

6）起居室橱柜高度小于或等于12m，深度小于或等于0.4m。

7）卧室衣柜挂衣杆高度小于或等于1.4m，深度小于或等于0.6m。

8）居室应有良好的朝向、采光、通风和视野。

（3）户内过道与阳台无障碍应符合以下要求（见图4-39）。

1）户内门厅宽度不宜小于1.5m。

2）通往卧室、起居室（厅）、厨房、卫生间、贮藏室的过道不宜小于1.2m，墙体阳角部位宜做成圆角或切角。

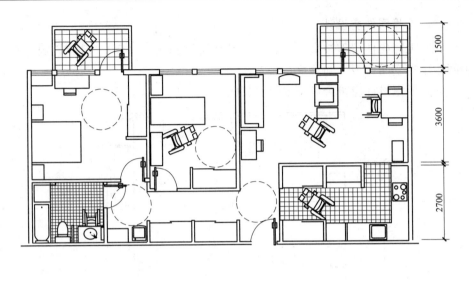

图 4-39 居室户内过道与阳台无障碍设计平面示意图

3）在过道一侧或两侧设高 0.8～0.85m 的扶手。

4）阳台深度不宜小于 1.5m，有良好的视野，向外开启的平开门应设关门扶手。

5）阳台与居室地面高度差不大于 15mm，并以斜面过度。

6）阳台设可升降的晾晒衣物设施。

（4）户内门、窗和墙面无障碍设计应符合以下要求。

1）门扇首先采用推拉门、折叠门，其次采用平开门。

2）门扇开启后最小净宽及门把手一侧墙面的最小宽度应符合表 4-14 的要求。

表 4-14　　　　　　　　　　门扇开启净宽度

类别	门扇开启净宽度/m	门把手一侧墙面宽度/m	平开门
公用外门	1.00～1.10	≥0.50	—
户门	0.80	≥0.45	设关门拉手
起居室（厅）	0.80	≥0.45	—
卧室门	0.80	≥0.40	设关门拉手
厨房门	0.80	≥0.40	—
卫生间门	0.80	≥0.40	宜设观察窗、设关门拉手
阳台门	0.80	≥0.40	设关门拉手

（5）厨房宜靠近门厅，并方便乘轮椅者进出，应有直接采光和自然通风。

（6）厨房面积和通道应符合以下要求（见图4-40）。

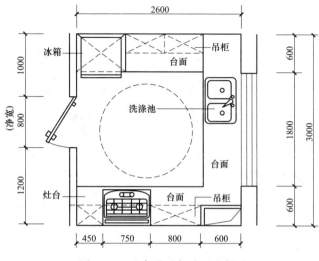

图4-40 无障碍厨房平面示意图

1）住宅厨房大于或等于6m²。

2）厨房净宽大于或等于2m。

3）双排布置设备的厨房通道净宽不宜小于1.5m。

4）宜设冰箱位置和两人就餐位置。

（7）厨房操作台设计应符合以下要求（见图4-41）。

1）操作台高度为0.7～0.8m。

2）操作台宽度为0.5～0.55m。

3）操作台下方应方便行动有困难者靠近后台面操作，或将台面下的活动板拉出在板上操作。洗涤池下方应在靠近后进行操作。

4）厨房吊柜柜底高度小于或等于1.2m，深度小于或等于0.25m。

（8）卫生间位置和门扇应方便行动有困难者和乘轮椅者进出和开启。

（9）卫生间的面积应符合以下要求（见图4-42）。

1）设坐便器、浴盆、洗面盆三件洁具应大于或等于4.5m²。

2）设坐便器、淋浴、洗面盆三件洁具应大于或等于4m²。

3）设坐便器、浴盆两件洁具应大于或等于3.5m²。

4）设坐便器、淋浴两件洁具应大于或等于3m²。

5）设坐便器、洗面器两件洁具应大于或等于2.5m²。

6）单设坐便器应大于或等于2m²。

图 4-41 无障碍厨房操作台示意图

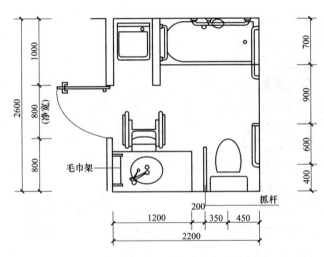

图 4-42 无障碍卫生间平面布置示意图

参 考 文 献

[1] 张建边. 建筑施工图快速识读 [M]. 北京：机械工业出版社，2013.

[2] 单立欣，穆丽丽. 建筑施工图设计 [M]. 北京：机械工业出版社，2011.

[3] 宋源，刘建平. 建筑专业施工图设计文件审查常见问题 [M]. 北京：中国建筑工业出版社，2016.

[4] 郭爱云. 建筑施工图 [M]. 北京：中国电力出版社，2015.

[5] 褚振文. 怎样看建筑施工图 [M]. 北京：机械工业出版社，2012.

[6] 黄鹢. 建筑施工图设计 [M]. 2版. 北京：华中科技大学出版社，2013.

[7] 张建边. 建筑工程施工图设计文件审查要点解读与问题分析——建筑专业 [M]. 北京：化学工业出版社，2015.

[8] 徐锡权，陈秀云. 建筑施工图设计 [M]. 北京：水利水电出版社，2011.

[9] 冯红卫. 建筑施工图识读技巧与要诀 [M]. 北京：化学工业出版社，2011.